Katrin Greßer, Renate Freisler

Ready for Transformation

Neue Arbeitswelt, digital und agil. Wie Sie als Führungskraft, UnternehmerIn und Change-Agent die Transformationsreise erfolgreich begleiten und die Organisation in eine gute Zukunft führen

managerSeminare Verlags GmbH – Edition managerSeminare

Katrin Greßer, Renate Freisler
Ready for Transformation
Neue Arbeitswelt, digital und agil. Wie Sie als Führungskraft, UnternehmerIn und Change-Agent die Transformationsreise erfolgreich begleiten und die Organisation in eine gute Zukunft führen

Endenicher Str. 41, D-53115 Bonn
Tel: 0228-977910, Fax: 0228-9779199
info@managerseminare.de
www.managerseminare.de/shop

Printed in Germany

ISBN: 978-3-95891-065-2

Herausgeber der Edition managerSeminare:
Ralf Muskatewitz, Jürgen Graf, Nicole Bußmann

Lektorat: Jürgen Graf
Coverfoto: AdobeStock/Sunny studio, Grafik: Stefanie Diers, Sonja Buske
Illustrationen: Stefanie Diers
Druck: Kösel GmbH und Co. KG, Krugzell

Inhalt

Einleitung

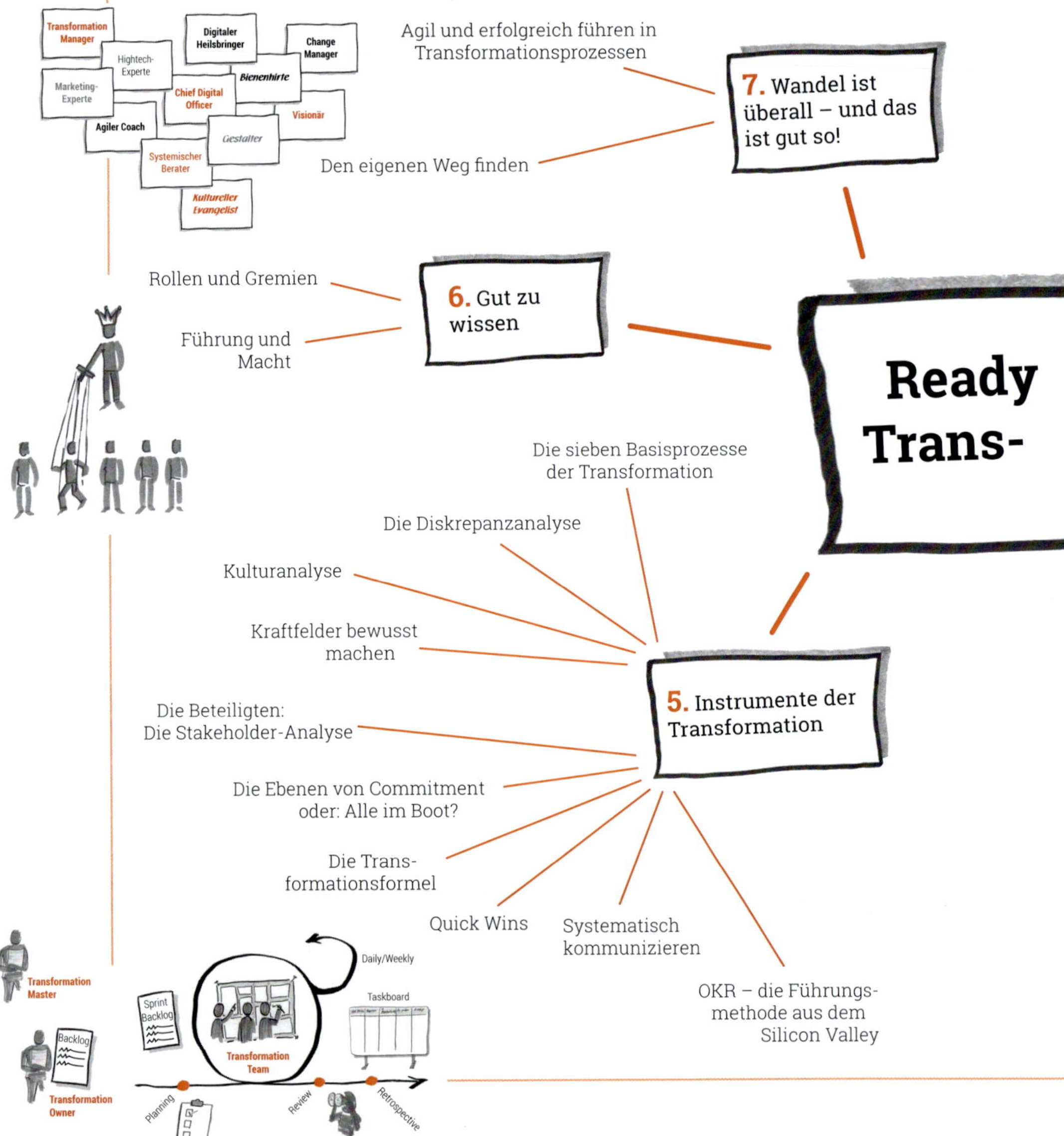

Katrin Greßer, Renate Freisler

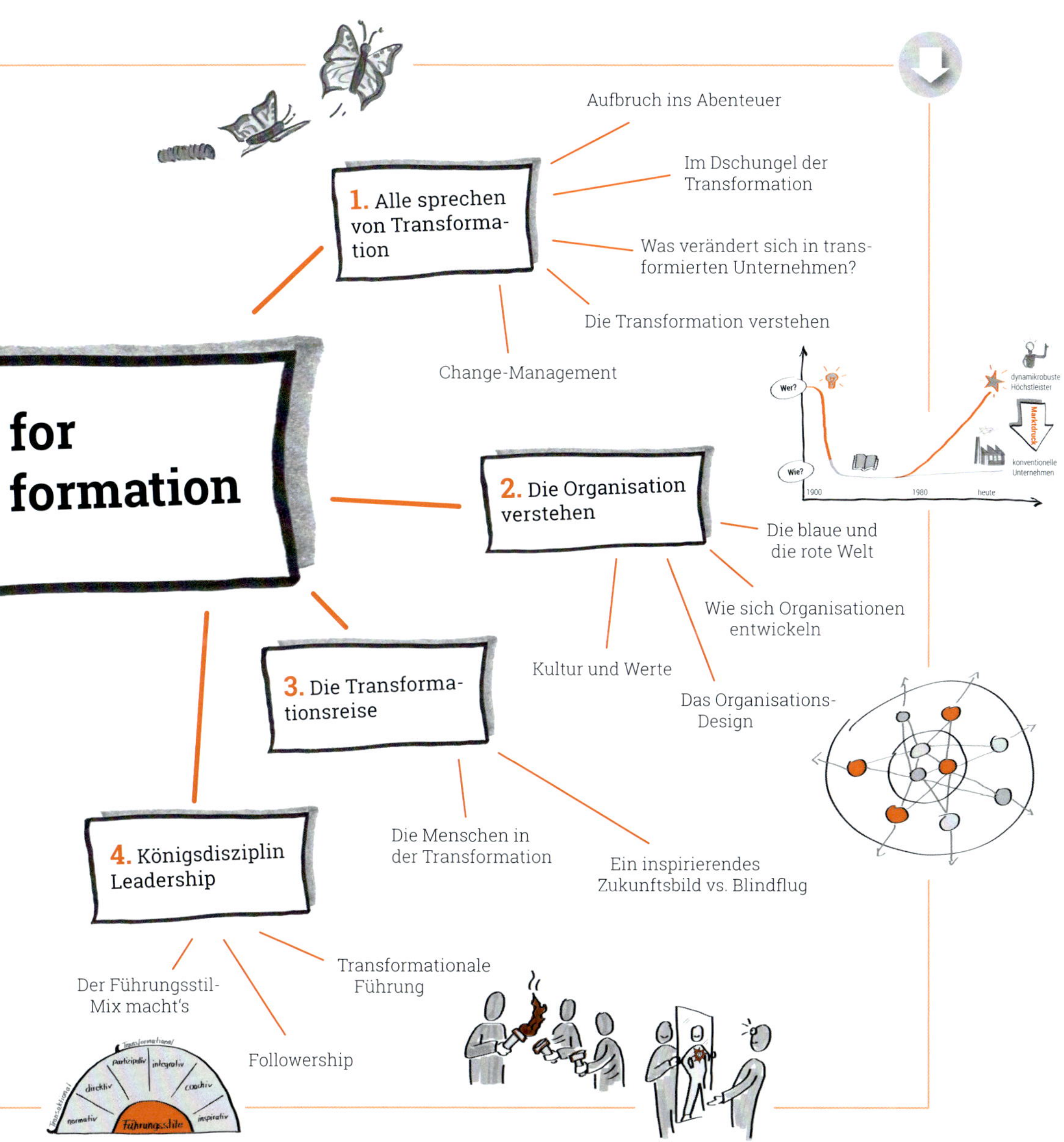
for
formation
1. Alle sprechen von Transformation
Aufbruch ins Abenteuer
Im Dschungel der Transformation
Was verändert sich in transformierten Unternehmen?
Die Transformation verstehen
Change-Management
2. Die Organisation verstehen
Die blaue und die rote Welt
Wie sich Organisationen entwickeln
Kultur und Werte
Das Organisations-Design
3. Die Transformationsreise
Die Menschen in der Transformation
Ein inspirierendes Zukunftsbild vs. Blindflug
4. Königsdisziplin Leadership
Der Führungsstil-Mix macht's
Followership
Transformationale Führung
Wer?
Wie?
1900
1980
heute
dynamikrobuste Höchstleister
Marktdruck
konventionelle Unternehmen
Führungsstile

Darum geht's

Die Transformation hat schon so mancher Führungskraft eine Grenzerfahrung beschert. Unsicherheit in den Unternehmen ist spürbar und Ängste, wie sich die Arbeitswelt weiterentwickelt, sind allgegenwärtig. Gleichzeitig lebt die Hoffnung, dass die Menschen die Chancen nutzen, um sich persönlich weiterzuentwickeln und zu entfalten. Was es braucht, ist eine Art ÜbersetzerIn, VermittlerIn oder TransformatorIn von der alten in die neue Welt. Es gibt kein Schwarz-Weiß, sondern viele verschiedene Grautöne mit Schattierungen und bunten Mustern. Und so sehen wir das auch mit den unterschiedlichen Theorien zu Systemen, Organisationen und Kulturen.

In diesem Buch geht es nicht darum, das x-te Change-Modell zu beschreiben, denn davon gibt es genug. Uns ist es wichtig, für Führungskräfte, UnternehmerInnen und Change-Agents einfach und pragmatisch darzustellen, wie sie ihre Teams in der Transformation begleiten können und welche Instrumente, Denkansätze und Reflexionsfragen sie in ihrer täglichen Arbeit unterstützen. Nach dem Motto „Der Change beginnt bei mir" gehen wir natürlich auf die Fähigkeiten ein, die Menschen dafür brauchen.

In vielen Unternehmen bekommt die Frage „Why?" immer mehr Gewicht. Was ist der Sinn und Zweck der Unternehmung? Diese Frage stellen auch wir uns, wenn wir die Höhen und Tiefen unserer Autorentätigkeit durchleben. Und die Antwort lautet: Wenn wir es schaffen, Menschen zu inspirieren und ihnen Impulse zu geben, wie sie in dieser unbeständigen Zeit handlungsfähig und wirksam Organisationen in eine gute Zukunft führen, hat es sich gelohnt, dieses Buch zu schreiben.

Vielen Menschen ist bewusst, dass es so wie bisher nicht weitergehen kann. Es braucht neue Formen der Zusammenarbeit und vor allem ein anderes Bewusstsein, um sich zukunftsfähig aufzustellen. In der Transformation liegt diese Chance. Jetzt kommt es darauf an, wie wir sie nutzen. Was am Ende herauskommt, wissen auch wir nicht. Und trotzdem lassen wir uns darauf ein. Weil wir überzeugt sind, dass unsere Intention uns in die richtige Richtung führt. Offen, neugierig und konstruktiv-kritisch arbeiten wir mit unseren Kunden zusammen. Denn wir sehen uns nicht als „die Wissenden" an, sondern als Lernende – und als Entwickelnde.

Wir ermutigen Sie, die Transformationsreise anzutreten. Auch wenn sich Hindernisse zeigen, ist es besser, entschlossen voranzugehen, vielleicht auch mal hinzufallen und wieder aufzustehen, als starr wie das Kaninchen vor der Schlange zu sitzen. Wir kommen dann voran, wenn wir Hürden überwinden. Dabei lernen wir, entwickeln neue Kompetenzen und machen Erfahrungen. Doch es geht nicht nur um den Einzelnen, sondern darum, das System zu verändern. Denn solange die alte Ordnung Bestand hat, arbeiten sich die Menschen im Change auf. Verordnete Agilität und Selbstorganisation mit den bestehenden Strukturen, die Silodenken fördern, können nicht funktionieren. Arbeiten Sie deshalb nicht nur im System, sondern vor allem am System.

Sie finden in diesem Buch Hintergrundwissen zur Entwicklung von Organisationen, Methoden und Modelle für die Transformationsreise, Reflexionsfragen, Arbeitsmaterial für Workshops sowie viele praktische Tipps für Ihren Arbeitsalltag. So bekommen Sie eine gute Mischung aus theoretischem Wissen und praxisnaher Anwendung.

Download

Im Download erhalten Sie Arbeitsblätter und Fragebögen, um Ihre Reflexionsfähigkeit zu trainieren und Ihre persönliche Entwicklung zu unterstützen, sowie Anleitungen, die Sie für Workshops einsetzen können. Die Download-Hinweise finden Sie direkt an der entsprechenden Stelle im Buch.

Download-Handouts erkennen Sie an diesem Symbol – den Link finden Sie in der Umschlagklappe.

Gender

Generell nutzen wir die Schreibweise: MitarbeiterInnen, TeilnehmerInnen, ManagerInnen. Es ist nicht immer durchgängig möglich, die beschriebene Schreibweise einzuhalten (MitarbeiterInnengespräch). Wir sprechen jeden an – egal welches Geschlecht. Wir bitten um Verständnis, dass wir aus Gründen der Lesefreundlichkeit auch die männliche Form im Buch gewählt haben. Der Kunde, der Mitarbeiter – die Wirtschaftswelt ist nach wie vor sehr durch maskuline Wörter geprägt. Doch immer mehr gewinnen die femininen Begriffe an Bedeutung: die Intuition, die Faszination, die Intelligenz, die Empathie, die Kompetenz und die Vernunft ;-).

Inhalte & Kapitel

Ob Sie beginnen, das Buch von vorne zu lesen, oder sich einzelne praktische Tools herausholen und direkt ausprobieren, ist Ihnen überlassen. Führungskräfte, die sich dem Thema erst nähern, beginnen am besten von vorne zu lesen. Change-Agents holen sich möglicherweise direkt

Impulse für ihre Workshops oder zu spezifischen Fragestellungen. Lassen Sie sich einfach inspirieren.

Viele interessante Quellen und Hintergrundinfos in der Link-Liste im Download.

Schreiben Sie, malen und bekleben Sie es mit Post-its. Es ist ein Buch mit dem Sie „arbeiten" können und sollen. Theoretische Wissensinputs mit Anleitungen, Methoden und Fragen zur Selbstreflexion wechseln sich ab. Vertiefende Literatur und Studien finden Sie in den jeweiligen Kapiteln und am Ende des Buchs sowie in der Link-Liste im Download. Im Buch beschreiben wir unterschiedliche Ansätze und Philosophien, die uns selbst unterstützen, Organisationen in der Transformation zu begleiten.

Die Mind-Map auf der vorherigen Seite hilft Ihnen, sich zu orientieren. Die „Transformations-Box" (siehe S. 170 f. und Download) gibt Ihnen einen Überblick zu den Tools, Methoden und Instrumenten in diesem Buch und welche Basisprozesse (siehe S. 133 ff.) damit angesprochen werden. Vielleicht wird das Buch/E-Book auch ein idealer Begleiter für Ihren Transformationsprozess. Lassen Sie sich ganz intuitiv leiten. Was spricht Sie momentan an, mit welchem Kapitel wollen Sie sich näher beschäftigen?

Das lesen Sie in den einzelnen Kapiteln

- Im *Kapitel 1* nehmen wir Sie mit in die neue Welt: Digitalisierung ist in aller Munde. Betreten Sie mit uns den Dschungel der Transformation und lesen Sie, was der Wandel sowohl für den Einzelnen als auch für das Unternehmen bedeutet. Es geht darum, erste Impulse und ein Bewusstsein dafür zu bekommen, wie der Change gelingen kann. Wir gehen auf Zusammenhänge in der Natur ein, die sich seit jeher ständig transformiert. Insofern hat Transformation etwas Evolutionäres.

- *Kapitel 2* beschreibt die blaue und rote Welt und wie sich Organisationen entwickeln. Von den verschiedenen Entwicklungsphasen über das Systemkonzept, den sieben Wesenselementen, dem Organisationsdesign bis hin zu spannenden Fragen zu Kultur und Werten tauchen Sie in die Welt der Organisationsentwicklung ein. Nur so viel vorweg: In einer Studie wurden acht bekannte Kulturen herausgearbeitet, doch letztlich gibt es so viele Kulturen wie es Organisationen gibt.

- Mit dem *Kapitel 3* beginnt die Transformationsreise. Wie bei jeder anderen Reise steht auch hier das Ziel am Anfang. Vielleicht gibt es einen Ruf aus der Ferne oder es sind harte Fakten, die das Unternehmen auf den Weg bringen. Wir betrachten hier die Menschen in der Transformation. Denn sie sind die Akteure, es geht nur mit ihnen. Emotionen und Widerstand gehören genauso dazu, wie sich der eigenen Veränderungsbereitschaft bewusst zu sein. Und zwar nicht nur bei den MitarbeiterInnen, sondern vor allem bei sich selbst. Denn dass der Change bei jedem persönlich beginnt, auch wenn wir lieber zuerst die anderen verändern möchten, macht die Transformationsreise zu einem Selbstentwicklungsprozess.

- Das *Kapitel 4* legt den Fokus auf die Königsdisziplin Leadership. Wir beschreiben die transformationale Führung, wie sie sich entwickelt hat, was sie bewirken kann und welche Führungsstile zeitgemäß sind. Je breiter das aktive Führungsstil-Repertoire, desto positiver das darüber geprägte Systemklima – und desto erfolgreicher das Unternehmen. Viele Studien belegen das. Erfahren Sie außerdem wie Followership entsteht, und wie Sie als Führungskraft dazu beitragen.

- Im *Kapitel 5* beschäftigen Sie sich intensiv mit den Instrumenten der Transformation. Sie finden zwar in jedem Kapitel Interventionen und Tools zu den entsprechenden Themen. In diesem Kapitel allerdings finden Sie komprimiert ganz konkrete Analysemöglichkeiten, Werkzeuge und viele praxisnahe Methoden, die Sie zielgerichtet und situativ einsetzen können.

- Das *Kapitel 6* gibt einen Einblick in die Begrifflichkeiten „Gremien" und „Rollen". Sie erfahren, welche Funktionen diese haben. Wir beleuchten das Thema Macht und wie Sie diese nutzen, um etwas Sinnvolles zu schaffen, denn sie ist eine starke Kraft in der Veränderung, um das Zukunftsbild und große Ideen zu verwirklichen.

- Sie erhalten im *Kapitel 7* zwar kein Rezept, dafür bekommen Sie wertvolle Impulse für den Transformationsprozess. Mit Change-Leadership schaffen Sie es als Führungskraft, im Wandel agil und erfolgreich zu führen. Es gibt viele Unternehmen, die sich bereits auf den Weg gemacht haben. Wagen Sie es, auch wenn es sich zu Beginn vielleicht wie ein Improvisationstheater anfühlt. Die Kunst ist es, auch mit dem Unerwarteten umzugehen und daraus zu lernen. „Aushalten" ist eine wichtige Kompetenz.

Die Transformation (im Buch verwenden wir die Begriffe „Veränderung", „Wandel" und „Change" synonym) ist komplex. Uns ist bewusst, dass wir Ihnen hier nur Einblicke geben können. Diese haben wir für Sie so aufbereitet, dass Sie möglichst viele verschiedene Facetten kennenlernen. Für den Change gibt es keine Standardvorgehensmodelle, es gibt aber hilfreiche Instrumente, Methoden, Tools und Philosophien, die es Ihnen ermöglichen, im Dschungel der Transformation Orientierung und Sicherheit zu gewinnen.

Wenn wir über Organisationen sprechen, dann meinen wir damit Unternehmen, Firmen, Institutionen, Verwaltungen und Ämter, aber auch Schulen, Vereine und Universitäten.

Ein herzliches Dankeschön an ...

... uns selbst, denn das Buch hat uns mit seinen Facetten der Transformation, die so vielschichtig, anspruchsvoll und komplex sind, ganz schön herausgefordert. Unser eigener Anspruch an ein praxisnahes Werk hat uns die eine oder andere Schleife drehen lassen. Und da wir ja zu zweit sind, sind die Ansprüche auch gleich addiert.

... all die Menschen, die wir auf dem Transformationsweg begleiten durften, und all diejenigen, die uns auf der Transformationsreise begleitet haben, unsere Familien, Partner, Teammitglieder und KollegInnen.

Ganz konkret sagen wir Danke an den Verlag managerSeminare. Im Lauf der Jahre hat sich eine tolle Zusammenarbeit mit Jürgen Graf, Ralf Muskatewitz und dem ganzen Team entwickelt. Sie haben das Erscheinen dieses Buches ermöglicht. Mit viel Struktur, Liebe zum Detail und wertvollen Impulsen haben sie das Buch so gestaltet, wie Sie es jetzt in Händen halten. Stefanie Diers hat mit ihren Grafiken dem Buch den visuellen Schliff gegeben. Und Michael Busch leistet ganz wertvolle Pressearbeit.

Und wir sagen DANKE an Sie, liebe Leserinnen und Leser. Vielleicht ist es das erste Buch, das Sie von uns in Händen halten? Oder sind Sie bereits ein treuer Leser unserer Bücher, Artikel und Selbstlernbausteine? Ihr Interesse für dieses Thema und die Bereitschaft, sich damit auseinanderzusetzen, freut uns sehr. Denn den Veränderungsprozess aktiv anzugehen, erfordert Mut, Vertrauen und Durchhaltevermögen, um gewohnte Denkweisen aufzugeben und Neues zu Lernen.

Jetzt wünschen wir Ihnen viel Inspiration beim Lesen und erfolgreiches Umsetzen.

Herzlichst, Ihre Katrin Greßer & Renate Freisler

1 Alle sprechen von Transformation

Die rasante Geschwindigkeit von technologischen Entwicklungen stellt Unternehmen vor neue Herausforderungen, die hochbedrohlich für deren Existenz sein können. Produkte werden von heute auf morgen zum Auslaufmodell, ganze Geschäftsmodelle werden durch neue ersetzt und Unternehmensgrenzen verschwimmen, indem zunehmend Nutzer mit einbezogen werden. Die Ex-Hewlett-Packard-Chefin Carly Fiorina hat bereits 2009 auf den Punkt gebracht, was als Mantra des digitalen Zeitalters inzwischen von vielen zitiert wird – so auch von Angela Merkel:

> „Alles, was sich digitalisieren lässt, wird digitalisiert.
> Alles, was sich vernetzen lässt, wird vernetzt. Und das verändert alles."

Nutzen statt Haben

Mit „Einfach günstig Autofahren" wirbt das Carsharing-Unternehmen Car2Go von Daimler. Und BMW verspricht mit DriveNow „mehr Fahrspaß". Inzwischen kooperieren beide Unternehmen und haben mit SHARE NOW ein Mobilitäts-Joint-Venture gegründet. Sie folgen damit einem revolutionären Muster. Ein Produkt, in diesem Fall ein Auto, wird von vielen Nutzern zeitlich gestaffelt in Anspruch genommen. Koordiniert wird das flexible Carsharing – ohne feste Stationen – ganz einfach über eine Online-Plattform. Selbst das Tanken, Reinigen oder das Nachfüllen von Wischwasser wird, für ein paar Gratis-Kilometer, vom Nutzer übernommen. Der Vorteil für's Unternehmen: Kapital wird nicht gebunden und Ressourcen werden nach dem Prinzip „NUTZEN statt HABEN" geschont.

Oder denken Sie an die Geschäftsideen von Uber, Airbnb und dem deutschen Unternehmen Flixbus. Uber besitzt keine eigenen Fahrzeuge, Airbnb keine Wohnungen und dem Busunternehmen Flixbus gehört gerade einmal ein einziger Bus, die Fahrten werden von Bussen anderer

Unternehmen durchgeführt. Inzwischen macht das Unternehmen mit Flixtrain auch der Deutschen Bahn Konkurrenz. Netflix hat zu Beginn CDs und DVDs verliehen. Heute ist es eines der größten Streaming-Dienste, der im großen Stil eigene Filme und Serien produziert. Während es 2012 noch knapp 30 Mio. Abonnenten waren, zählt es heute fast 90 Mio. Abonnenten weltweit (Quelle Statista, 2018).

Wir wissen nicht, wie aktuell diese Infos noch sind, wenn Sie, liebe LeserInnen das Buch in Händen halten ...

Plattformtechnologien gehören übrigens zu den erfolgreichsten Strategien der digitalen Wirtschaft. Sie bringen unterschiedliche Nutzergruppen auf einer Plattform zusammen, die dort miteinander interagieren. Suchmaschinen wie Google verkuppeln ihre Nutzer mit Werbeanbietern. Eine Plattform wie eBay fungiert als Marktplatz für Käufer und Verkäufer. Fehlen intern Know-how oder Ressourcen, nutzen Unternehmen Online-Angebote, Cloud-Services, IT-Dienstleister oder Agenturen. Durch die vielen digitalen Möglichkeiten werden Partner und Dienstleister aktiv koordiniert. Wenn es darum geht, Projekte zu finanzieren, gibt es Crowdfounding-Plattformen. Über Technologien wie Blockchain wird das Handeln, Kaufen und Übertragen von traditionellen Vermögenswerten oder neuartigen Kryptowährungen möglich. Das Spannende daran: Je mehr Teilnehmer eine solche Plattform nutzen, desto interessanter wird sie und zieht im Umkehrschluss noch mehr Nutzer an. Dieses Wachstum zieht große Unternehmen wie etwa Facebook an, das 2020 seine eigene Blockchain-Währung „Libra“ herausbringen will.

Cookies kennen uns schon bald besser als wir uns selbst. Sie haben genau das richtige Produkt mit dem richtigen Preis im Angebot. Big Data lässt grüßen und „unsere persönliche Intimsphäre“ wird immer kleiner. Computer kommunizieren miteinander ohne unser aktives Mitwirken. Denken Sie an Alexa & Co.

Google ist mittlerweile in die Pharmaindustrie eingestiegen und befasst sich mit altersbedingten Krankheiten. Der südkoreanische Technikkonzern Samsung zählt zu den größten Auftragserzeugern von biopharmazeutischen Medikamenten, zum Beispiel im Bereich Brustkrebs.

Wie lange wird es wohl noch dauern, bis wir unser eigenes Haus drucken? Wie sich die Arbeitswelt und die Gesellschaft mit den neuen Technologien weiter verändern, können wir nur erahnen. Dass die vierte industrielle Revolution mit intelligenter Vernetzung und Digitalisierung von Produkten, künstlicher Intelligenz (KI) und dem Internet der Dinge (IoT) einen massiven Transformationsprozess bedeutet, ist im Bewusstsein der meisten Menschen angekommen. Veränderte Kundenbedürfnisse stehen im Fokus. Der Management-Autor Dr. Reinhard K. Sprenger spricht von der „Wiedereinführung des Kunden".

Für Unternehmen ist es essenziell, dass sie frühzeitig erkennen, wohin sich die Arbeitswelt bewegt, um den Wandel dahin aktiv einzuleiten. Es gibt viele neue Berufsbilder und sie werden sich weiter verändern. Das bedeutet auch, dass das Befähigen der Menschen in den Organisationen ein zentraler Faktor in der Transformation ist. Es geht auch darum, neues Denken zu lernen, um in einer komplexen Arbeitswelt sicherer zu agieren. Dazu braucht es eine offene und förderliche Lernkultur, die Lust auf Neues macht, und eine kontinuierliche Kommunikation, die gerade in bewegten Zeiten Vertrauen und Orientierung gibt.

Der Mensch macht den Unterschied – auch in der digitalen Welt

Die Denkweise, dass Digitalisierung ein rein technologisches Phänomen sei, ist eine Illusion. Denn gerade in der digitalisierten Welt macht die menschliche Komponente den Unterschied aus. Dies führt dazu, dass Fähigkeiten, insbesondere die „Soft Skills und das Mind-Set" wichtige Kompetenzen für die Zukunft sind. Kreativität, Innovation und Empathie – das kann der Mensch, aber die Maschine nicht.

> Der internationale Wirtschaftsjournalist Karl Pilsl prognostiziert, dass in zehn bis 15 Jahren von den derzeit bestehenden Angestellten-Positionen 80 Prozent in dieser Form nicht mehr vorhanden sein werden. Er ist davon überzeugt, dass die Menschen ihre Talente und Fähigkeiten in ihrer Einzigartigkeit künftig mehreren Firmen zur Verfügung stellen und unternehmerisches Denken für jeden, der arbeiten und Geld verdienen möchte, wichtig ist. Gleichzeitig wollen viele Menschen ihre Vision realisieren, ihren Traumjob finden und finanziell eine gesicherte Zukunft haben. Dieses Umdenken kann nur in den Köpfen der Menschen stattfinden. Deshalb sind wir der Meinung, dass die Transformation bei jedem Einzelnen von uns beginnt.

Große Unternehmen wie Google oder Microsoft erfinden ihre Arbeits- und Führungskultur neu. Und was tun die vielen mittelständischen Unternehmen, um sich in Zeiten von Arbeit 4.0, Digitalisierung, agiler Führung, demografischem Wandel, New Work und Gen Z für die Zukunft gut aufzustellen? Häufig wird an der ein oder anderen Schraube zwar gedreht, Strukturen und Prozesse werden angepasst und gehofft, dass diese Maßnahmen greifen. Doch haben die Unternehmenslenker, die Führungskräfte und die MitarbeiterInnen diesen umfangreichen und tief gehenden Transformationsprozess wirklich akzeptiert, durchlebt und verinnerlicht? Hat sich auch die Unternehmenskultur transformiert? Wir sind überzeugt, dass hier noch viel Veränderungsarbeit ansteht. Sebastian Purps-Pardigol vergleicht in seinem Buch „Digitalisieren mit Hirn“ die digitale Transformation mit dem Zähneputzen: Regelmäßigkeit hilft.

Technisch entstehen durch die Digitalisierung viele neue Möglichkeiten: Es kann unabhängig von Ort und Zeit gearbeitet werden, Wissen wird personenunabhängig zur Verfügung gestellt, die Transparenz steigt. Abläufe und Prozesse verändern sich, und zwar nicht nur einmal, sondern immer wieder aufs Neue. Dafür braucht es eine andere Art der Führung und die Organisation sollte sich fragen, wie MitarbeiterInnen ihr Wissen und ihre Erfahrung einsetzen können. Klare Rollenbeschreibungen, damit jeder im Unternehmen seinen Handlungsspielraum kennt und weiß, was sein Beitrag zum Unternehmenserfolg ist, werden zunehmend wichtiger. Wenn das gemeinsame Ziel und der Sinn der Tätigkeit für die Menschen deutlich ist, entsteht intrinsische Motivation und Leistungsfähigkeit. Der transformationale Führungsstil (siehe S. 120 ff.) wird weiter an Bedeutung gewinnen. Damit steht das Führen mit Werten wie Vertrauen, Respekt und Loyalität im Vordergrund, wodurch überdurchschnittliche Leistungen und Followship entstehen.

„Was man feine Menschenkenntnis nennt, ist meistens nichts als Reflexion.“
– Georg Christoph Lichtenberg –

Wenn Unternehmen den Weg in die Transformation unvorbereitet wagen, sind die Risiken hoch. Produktivität und Innovation wie auch die Mitarbeiterbindung können darunter leiden, die Gefahr der Überlastung steigt. Voraussetzungen für den Erfolg sind eine begeisternde Vision und die nötige Inspiration des Führungsteams. Eine von Vertrauen geprägte Kultur, flexible Strukturen sowie die Veränderungskompetenz aller sind in erfolgreich transformierten Unternehmen besonders häufig vorzufinden.

(Quelle d. Abb.: Trigon)

Doch wann sind Menschen überhaupt bereit, sich zu verändern? Die schnellste Antwort: Leid oder Lust. In der Praxis ist Leid der häufigste Veränderungsgrund, wenn Unternehmen aus dem Druck einer Krise den Transformationsprozess beschreiten. MitarbeiterInnen oder ganze Firmen stecken in einer Krise oder befinden sich in einer unangenehmen Situation und wollen dem entkommen. Doch die Motivation, von etwas weg zu wollen, erzeugt nicht nur Veränderungswillen. Die Gehirnforschung zeigt immer wieder auf, dass Veränderungsdruck bei Menschen auch Stress auslöst. Wird dieser zu stark, „leiden" die höheren geistigen Fähigkeiten im Bereich des Frontalhirns.

Auf wen warten wir? Wir sind es selbst, auf die wir schon lange warten.

Weniger häufig, aber ungleich wirkungsvoller ist ein Transformationsgrund, der von etwas Positivem angezogen und von einem Lustgewinn geleitet wird. Hier kommt die Unternehmensvision ins Spiel, die den Menschen im Unternehmen ein positives Zukunftsbild gibt und somit eine Vorstellung von dem, was sein kann. Damit werden starke Energien und eine intrinsische Veränderungsbereitschaft freigesetzt, die den Transformationsprozess erfolgreich machen.

1.1 Aufbruch ins Abenteuer

Bekannt ist: Wer sein Geschäftsmodell systematisch und nachhaltig transformiert – und zwar parallel zum operativen Geschäft – kann unerwartete Marktchancen besser wahrnehmen und darauf reagieren. Im Idealfall bedeutet das, dass es künftig keine expliziten Change-Projekte mehr geben wird, sondern die dynamische Veränderung der Normalzustand ist.

> Etablierte Unternehmen sind oftmals blind für neue Kundenmärkte, deshalb werfen disruptive Herausforderer traditionelle Unternehmen aus dem Markt. Jüngstes Beispiel ist die Pleite von Thomas Cook, einem Traditionsunternehmen, das bereits 1841 erste Reisen organisierte.

Gehen wir gedanklich in das Jahr 1886, in dem Carl Benz, der Urvater des Autos, das erste Automobil fertigstellte, damals noch mit drei Rädern. Carl Benz erntete für den „Motorwagen Nummer 1" noch reichlich Spott und Hohn, denn der bestand überwiegend aus Fahrradteilen und sah noch etwas eigenartig aus. Doch es dauerte nicht lange, bis das Fahrzeug zu einem Meilenstein in der Geschichte der Technik wurde. Heute sprechen wir über hoch automatisiertes Fahren und das autonome Fahren steht kurz vor seiner Alltagstauglichkeit. Die meisten Autos parken von alleine ein und in Bad Birnbach fährt seit 2017 ein autonomer Bus. Denken Sie auch an die Brüder Wright, die 1903 durch eine technische Meisterleistung abgehoben sind und den Menschheitstraum vom motorisierten Fliegen verwirklicht haben. Die Ära der Luftfahrt war eingeläutet. Was bis dato nicht möglich war, ließ sich nun in kurzer Zeit realisieren. Bereits 1905 gelangen Flüge über vierzig Kilometer und Ende 1908 waren es bereits zweieinhalb Stunden Flugzeit.

Transformationsprozesse und Change-Projekte in den Unternehmen fordern uns heraus. Doch eigentlich haben wir viele dieser Veränderungen bereits in der Vergangenheit bewältigt. Veränderte Arbeitsbedingungen durch Globalisierung und technischen Fortschritt machten auch in der Vergangenheit ganze Berufe überflüssig und ließen gleichzeitig ganz neue Berufsgruppen entstehen. Ende des 19. Jahrhunderts gab es weder Software-Entwickler, Data Scientists, Online-Marketing-Manager noch 3D-Druck-Experten. Heute kennt kaum jemand noch den Beruf des Wagners, der die Kutschenräder fertigte, des Küfners, der Fässer herstellte, oder den Hofdichter, der mit Liedern und Gedichten die Leute unterhielt.

Laut Schätzung von MIT-Wissenschaftlern werden bis zum Jahr 2025 rund 40 Prozent der heutigen „Fortune 500"-Firmen vom Markt verschwinden.

Sie werden jetzt denken: „Na, das Mittelalter ist ja schon eine Zeit lang her." Stimmt! Aber auch in den vergangenen drei Jahrzehnten finden wir disruptive Entwicklungen, die die Welt Kopf stehen ließen. Seit 1991 nutzen wir das Internet. Die ersten Smartphones wurden in den 1990er-Jahren entwickelt, auch wenn sie nennenswerte Marktanteile erst im Jahr 2007 gewannen. Der disruptive Herausforderer Apple führte das iPhone ein und verdrängte den damaligen Marktführer für Mobiltelefone Nokia komplett. Heute ist das Smartphone weder im Business noch im Privatbereich wegzudenken. Und deshalb: Passen Sie sich laufend an. Denn wer nicht mit der Zeit geht, geht mit der Zeit.

> „Wirtschaft und Gesellschaft gehen global durch eine der größten Transformationen der Geschichte. Wir sind Zeitzeugen der Entstehung einer Neuen Welt. Wir stehen inmitten des Übergangs von der Alten Welt, wie wir sie kennen, zu einer Neuen Welt, die wir noch nicht kennen."
>
> – Prof. Dr. Fredmund Malik –

Theorien der Disruption

Der österreichische Volkswirt Joseph Schumpeter hat sich mit dem Phänomen, der „schöpferischen Zerstörung" eingehend beschäftigt. Er beschreibt, dass der Kapitalismus ein naturgegebener Prozess ist, der alte Industrien und Wirtschaftssysteme zerstört und neue, moderne und innovative hervorbringt. Eines seiner bekanntesten Beispiele ist die Einführung der Eisenbahn im Mittleren Westen der USA. Die „Illinois Central" war nicht nur ein lukratives Geschäft während des Baus der Eisenbahnlinie, sondern auch, weil neue Städte an der Strecke entlang entstanden und das ganze Umland auf diese Weise kultiviert wurde. Gleichzeitig war es das Todesurteil der damaligen alten Landwirtschaft des Westens. Dieses dem Kapitalismus innewohnende Muster identifizierte Schumpeter als die Disruption der Industrie. Das heißt, in aufeinanderfolgenden Zyklen bringen kapitalistische Erfindungen neue Branchen hervor und zerstören gleichzeitig die Vorgänger.

„Die Optimierung der Kerze hat nicht zur Erfindung der Glühbirne geführt." – Reinhard K. Sprenger –

Was ist heute anders? Die zunehmende Schnelligkeit der Veränderung, eine hohe Komplexität der Zusammenhänge, starke Schwankungen (Volatilität) und Dynamik in den Märkten mit der wachsenden Informationsdichte fordern sowohl Unternehmenslenker als auch die MitarbeiterInnen heraus. Von heute auf morgen ändern sich die Anforderungen, Abläufe lassen sich oft nicht mehr standardisieren – immer wieder müssen neue Lösungswege gesucht werden für z.B. kürzere Innovationszyklen oder Lebenszeiten von Produkten. Der Trend geht zu einer größeren Individualisierung, in der Industrie spricht man von Losgröße „1". Folglich werden immer schneller neue Produkte entwickelt, die Halbwertszeiten sinken deutlich und Produkte, die heute am Markt ganz oben stehen, können morgen schon veraltet sein. Was heute eine Cash-Cow ist, kann bald schon ein Rohrkrepierer sein. Die Unternehmen sind gefordert, die Fähigkeit der Ambidextrie zu entwickeln. Dieses „beidhändige" Agieren meint in diesem Zusammenhang sowohl das Meistern der Anforderungen des täglichen Geschäfts als auch die erforderliche Entwicklung

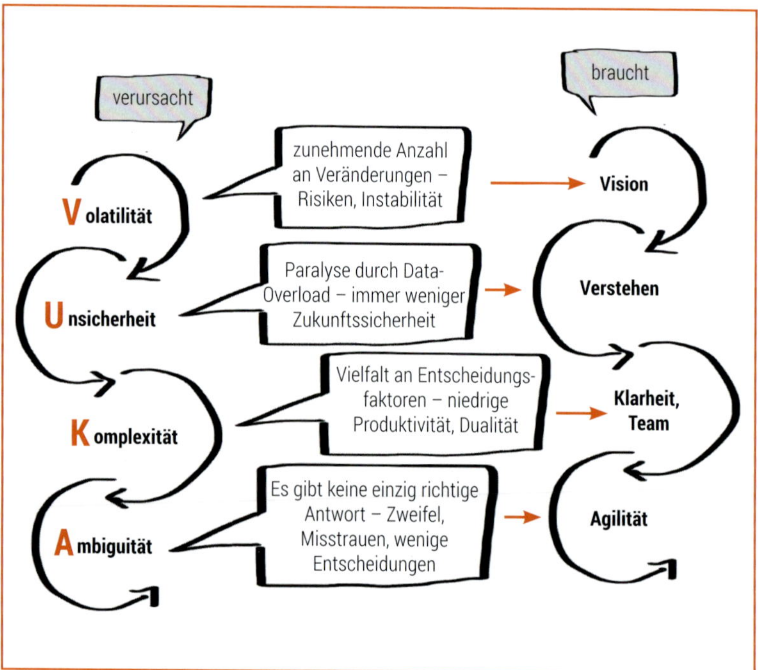

Abbildung 1: VUKA und andere Herausforderungen

von Innovationen. Bislang konzentrieren sich viele Unternehmen noch mehr darauf, bestehende Produkte zu verbessern, als durchschlagende Neuheiten zu fördern.

Die 2018er-Studie der Beratungsgesellschaft etventure ist der Frage nachgegangen, welche Maßnahmen Unternehmen bereits umsetzen, um Innovation nachhaltig in der Unternehmenskultur zu verankern:

87% nutzen moderne Kommunikationstools
72% stärken die Eigenverantwortung der Mitarbeiter
70% etablieren eine Kultur, die auch Fehler oder ein Scheitern möglich macht
66% flexibilisieren ihre Arbeitsformen
55% schaffen moderne Büro- und Arbeitskonzepte
50% schaffen Freiräume für Mitarbeiter, die zur Umsetzung eigener Ideen und Projekte genutzt werden können
26% bauen Hierarchien ab
19% verändern das Gehalts- und Anreizsystem, um Eigeninitiative zu fördern

Auch die anstehenden Aufgaben in Bezug auf den Klimawandel und knapper werdende Ressourcen werden uns zusätzlich mit hoher Brisanz beschäftigen. Ebenso wie der zu erkennende Wertewandel bei den Generationen. Junge Führungskräfte wollen auch Karriere machen, jedoch nicht um jeden Preis. Flexibilität, Sinnhaftigkeit und persönlicher Freiraum stehen heute höher in der Wertehierarchie als noch vor 30 Jahren.

„Mehr als die Vergangenheit interessiert mich die Zukunft, denn in ihr gedenke ich zu leben!"
– Albert Einstein –

Die größte Veränderung bringt jedoch die Technologie mit sich. Früher wurde physische Arbeit in Maschinenarbeit umgewandelt, heute wird Denkarbeit von digitaler Technologie (Google, autonomes Fahren, Kollaboration Mensch und Maschine, künstliche Intelligenz) übernommen. Schon jetzt gibt es Programme mit Algorithmen, die die Arbeit von Juristen übernehmen, indem riesige Datenmengen verarbeitet werden. Legal Robots übernehmen Streitschlichtungen und treffen selbstständig rechtliche Beurteilungen. Was heute noch heftig diskutiert wird, könnte morgen schon Routine sein.

Die Unternehmen können die gestiegene Datenflut nicht mehr bewältigen. Da kommt die künstliche Intelligenz (KI) ins Spiel, um daraus Muster zu erkennen. Die Management-Herausforderung der Zukunft wird sein, aus diesen Daten relevante Schlüsse zu ziehen.

Die Studie von etventure zeigt des Weiteren auf, welche Technologien und digitalen Entwicklungen in den nächsten drei Jahren den größten Einfluss auf das konkrete Geschäftsmodell haben:

65% Big Data/Smart Data
59% Plattform-Ökonomie/Aufbau digitaler Plattformen
50% Internet of Things/Internet der Dinge
40% künstliche Intelligenz
34% Sprachsteuerung
30% Virtual Reality
29% 3D-Druck
26% Robotik
25% Blockchain-Technologie
8% Drohnen

Doch auch zu den größten Hindernissen der digitalen Transformation kam die Studie zu klaren Ergebnissen (siehe Abb. 2):

Abbildung 2: Die größten Hindernisse bei der digitalen Transformation

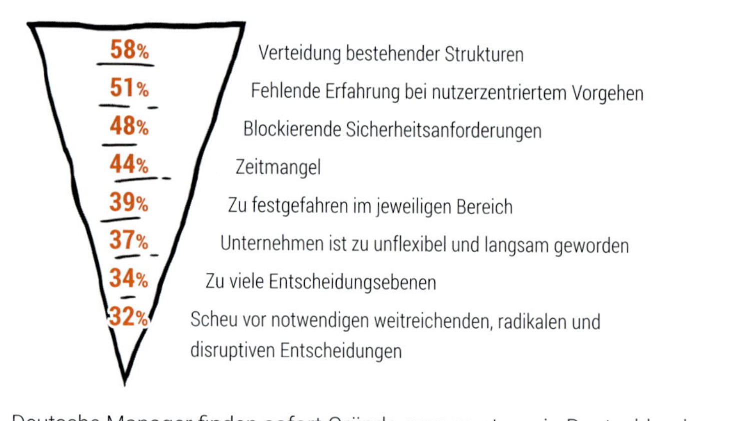

„Deutsche Manager finden sofort Gründe, warum etwas in Deutschland nicht funktionieren kann. Darauf wird enorm viel Energie verschwendet. Außerdem denken deutsche Manager fast immer zu klein. Im Gegensatz zum Silicon Valley: Hier will man die Welt verbessern."

– Studie etventure 2018 –

Die Zukunft lässt sich nicht planen. Wir wollen Sie einladen und ermutigen, die Zukunft in den Unternehmen mitzugestalten. Sie als Leader, UnternehmerIn, Personal- und OrganisationsentwicklerIn, Change-ManagerIn, Change-Agent, Agile Coachs und Facilitator haben einen wichtigen Beitrag zu leisten. Lassen Sie uns gemeinsam auf die Reise gehen.

1.2 Im Dschungel der Transformation

„Geschäftliche Disruption tritt auf, wenn sich eine Branche einer Herausforderung gegenübersieht, die dem Kunden einen viel größeren Wert bietet, und zwar in einer Weise, mit der vorhandene Unternehmen nicht direkt konkurrieren können." – David L. Rogers –

Veränderungen sind oftmals mit Ängsten und Sorgen verbunden – früher wie heute. Was bringen die neuen Entwicklungen im Bereich der Digitalisierung, Agilität, Industrie 4.0? Was wird mit mir, mit meinem Arbeitsplatz? Kann ich mit den neuen Technologien mithalten? Was kommt auf uns als Unternehmen zu? Welche Chancen und Risiken bringt der Wandel mit sich? Bringen wir Licht ins Dunkel und beleuchten den Begriff der Transformation genauer.

Bei der **biologischen Transformation** geht es z.B. darum, Materialien, Prinzipien und Prozesse aus der Natur zu verwenden und mit der heutigen Technik in Verbindung zu bringen. Die Natur wird zum Innovationstreiber. Beispiele sind der Perlglanzeffekt, Biorepair (Zahnschmelz in die Tube), der Klettverschluss oder das Fliegen.

Transformation: Umwandlung, Übergang, Wechsel, Assimilation

Eines der anschaulichsten Beispiele für Transformation ist vermutlich der Schmetterling. Wenn sich in der Raupe die ersten Zellen bilden, welche die Transformation zum Schmetterling einleiten, werden diese vom Immunsystem der Raupe massiv bekämpft und abgetötet. Erst wenn eine genügend große Zahl von Schmetterlingszellen es schafft, sich untereinander zu vernetzen, findet die Transformation der Raupe zum Schmetterling statt. Ähnliches lässt sich auch bei Transformationsprozessen in den Unternehmen beobachten.

In der **Betriebswirtschaft wird der Begriff Transformation** als ein Prozess der Veränderung vom aktuellen Zustand (IST) hin zu einem angestrebten Ziel-Zustand (SOLL) in der nahen Zukunft verstanden. Es geht um einen dauerhaften und fundamentalen Wandel. Unter anderem dient der Transformationsprozess dazu, den Veränderungen des digitalen Zeitalters gerecht zu werden und sich immer wieder schnell wandelnden Märkten anzupassen. Wir sprechen dann auch von einer geplanten Transformation.

Bei einer **organisationalen Transformation** geht es darum, das organisationale Denken und Handeln an neue Wahrheiten anzupassen: Denn die Ressourcen sind endlich, Märkte und Wachstum sind begrenzt. Es geht darum, das richtige Maß für die Zukunft zu finden – im Sinne von: „in guten Zeiten" maßvoll wachsen. Ein Beispiel dazu: Mercedes Benz ist ein Unternehmen, das sich gerade selbst neu erfindet. Der erfolgreiche Autobauer transformiert sich zu einem Mobilitätsdienstleister. Dieser Wandel, der vor allem eine Veränderung des Selbstverständnisses ist, eröffnet andere Produktzyklen, Absatzmärkte und Mobilitätskonzepte.

Transformation ist ein herausfordernder Gestaltungsprozess – ein Neu-Erfinden des Selbst in einer „neuen" Welt.

Unternehmen können sich viele Jahre erfolgreich weiterentwickeln und stoßen dann an eine Grenze. Bisherige Erfolgsmuster und Strategien funktionieren nicht mehr, es zeigen sich deutliche Krisenerscheinungen. Die Stärken, die das Unternehmen groß gemacht haben, werden unwirksam (vgl. Phasen der Organisationsentwicklung, S. 57 ff.). Es entsteht ein Bewusstsein, dass es so nicht weitergehen kann: operative Hektik, gefühlte Beschleunigung, chaotische und unproduktive Aktivitäten und die Suche nach Schuldigen stehen auf der Tagesordnung. Die Menschen in der Organisation erkennen an, dass die bisherige Arbeitsweise so nicht fortgesetzt werden kann. Gleichzeitig entwickelt sich eine Hypothese, dass es auch anders möglich wäre, um als Unternehmen in Zukunft erfolgreich zu sein, auch wenn die Vorstellung dazu noch sehr vage ist.

Einladung zu einem strukturierten Denkprozess

An dieser Stelle laden wir Sie zu einem strukturieren Denkprozess ein: Setzen Sie sich gedanklich verschiedene „Hüte" auf (angelehnt an Kreativitätsguru Edward de Bono) und beleuchten Sie systematisch die aktuelle Situation/Transformation in Ihrem Unternehmen.

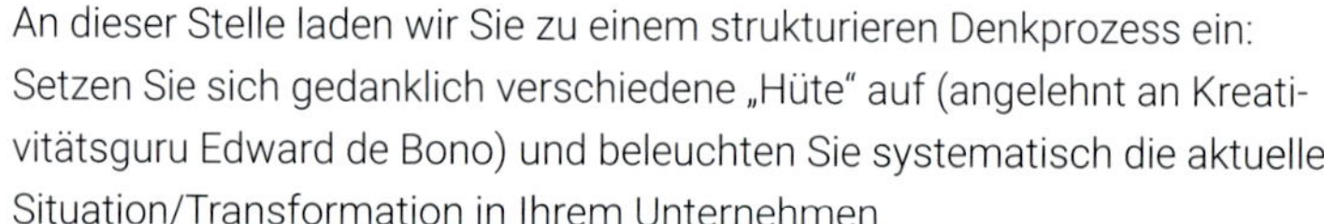

Beginnen Sie mit dem **weißen Hut**, dieser steht für Objektivität und Neutralität.

- Verschaffen Sie sich einen Überblick über die aktuelle Situation/Transformation: Sammeln Sie alle Informationen, ohne diese zu werten. Es zählen nur die nackten Zahlen, Daten und Fakten. Lassen Sie, so gut es geht, auch Ihre persönliche Meinung raus.

Setzen Sie sich gedanklich den **roten Hut** auf, jetzt geht es um Ihre persönliche Meinung, Ihr ganz subjektives Empfinden.

- Welche persönlichen positiven und negativen Gefühle, wie z.B. Ängste, Unsicherheiten, Zweifel, Freude, Hoffnungen oder Frustrationen beschäftigen Sie, wenn Sie an die aktuelle Situation denken? Achten Sie darauf, dass Sie aus dem Bauch „sprechen" und nicht aus dem Kopf. Es darf alles benannt werden.

Als Nächstes ist der **schwarze Hut** dran: Welche neutral negativen Aspekte gibt es?

- Welche Bedenken, Zweifel, Risiken, Gefahren gibt es? Notieren Sie alle sachlichen Argumente, die gegen eine Transformation sprechen.

Suchen Sie jetzt mit dem **gelben Hut** die neutral positiven Aspekte.

- Entdecken Sie die objektiv positiven Aspekte der Transformation. Finden Sie die Chancen und Pluspunkte. Welche realistischen Hoffnungen gibt es und welche erstrebenswerten Ziele sind damit verbunden? Was spricht für die Transformation?

Hin zu neuen Ideen mit dem **grünen Hut**, jetzt geht es um Wachstum und neue Ideen.

- Suchen Sie jetzt nach den weiteren Alternativen. Denken Sie über das hinaus, was bereits getan oder geplant ist. Formulieren Sie alles, was zu neuen Ideen und Ansätzen führt. Das darf gerne auch verrückt oder unrealistisch sein.

Setzen Sie sich jetzt gedanklich den **blauen Hut** auf und wechseln Sie auf die Metaebene.

- Schaffen Sie sich einen Überblick, fassen Sie die Gedanken und Ergebnisse zusammen. Welchen Hut sollten Sie nochmals „aufsetzen"?

Reflektieren Sie Ihren Denkprozess und notieren sich die Gedanken und vielleicht auch die nächsten Schritte dazu.

(Quelle: Edward de Bono (2017): 6 Denkhüte. AB Publishing)

Ausführliches Handout im Download

Praxis-Tipp

Führen Sie mit Ihrem Team einen Workshop durch, in dem Sie gemeinsam die sechs Hüte durchlaufen. Gehen Sie hierbei mehr in die moderierende Rolle und halten Sie sich mit eigenen Beiträgen zurück. Je nach Teamgröße können Sie die Hüte in Kleingruppen bearbeiten lassen und am Ende das Ergebnis gemeinsam reflektieren.

1.3 Was verändert sich in transformierten Unternehmen?

Die Organisationsformen verändern sich: weg von den starren Hierarchien, hin zu flacheren Strukturen mit netzwerkartiger, dezentraler Organisation und weniger Formalien, um flexibel reagieren zu können. Klassisches „Command & Control" wird von kooperativer Zusammenarbeit abgelöst. Dies bedeutet, dass das bisherige Führungsverständnis zu überdenken ist, auch wenn viele Führungskräfte damit lange Zeit gute Erfahrungen gemacht haben.

Dadurch, dass sich Arbeitsformen und Aufgaben verändern, sich strukturelle Grenzen auflösen und MitarbeiterInnen flexible Arbeitsplätze von Desksharing bis Homeoffice nutzen, wächst die Autonomie. Innovative Informations- und Kommunikationstechnologien erleichtern den Unternehmen, im globalisierten Markt zu agieren, gleichzeitig ist die Dynamik, Komplexität und Geschwindigkeit eine Herausforderung. Langfristige Planungen können von heute auf morgen über den Haufen geworfen werden, was wiederum die Vorhersagbarkeit reduziert. Im Unternehmen wird die Selbstorganisation gefördert, kooperative multidisziplinäre Teamarbeit sowie verantwortungsvolle Arbeitsgestaltung mit persönlichen Freiräumen gewinnen an Bedeutung. Dies ist verbunden mit ständiger Lernbereitschaft. Die mitwirkende Personalentwicklung ist damit die, welche Veränderungen für das Unternehmen produktiv und zukunftsorientiert gestalten kann.

Um die Motivation für diese Aufgaben zu aktivieren und in diese hineinzuwachsen, braucht es Zusammenhalt und Identifikation im Unternehmen. Denn die sozialen Beziehungen und die Interaktion der MitarbeiterInnen wurzeln in der Zugehörigkeit und Verbundenheit zum Unternehmen.

Ein Großteil der Unternehmen ist schon auf dem Weg

Die Trendstudie von TopJob „Neue Arbeitswelt im Umbruch" zeigt auf, dass ca. ein Viertel der Unternehmen in der neuen Arbeitswelt angekommen sind. Besonders ausgeprägt ist das Bewusstsein und die Bereitschaft, neue Arbeitsformen zu nutzen. Doch über das „Wie" herrscht teilweise eine große Verunsicherung, was die tatsächliche Umsetzung behindert. Die Lust auf Leistung oder neue innovative Ideen werden gehemmt. Viele Unternehmen suchen nach der „Blaupause" für die Transformation, nach Best-Practice-Lösungen und geeigneten Methoden für die Veränderungsarbeit. Bekannte Erfolgs- und Management-Modelle, die immer gut funktioniert haben, versagen, denn es geht darum, den eigenen Weg für die Transformation zu finden und loszugehen. Und was für das eine Unternehmen gut gelingt, kann sich in einem anderen Unternehmen zur Katastrophe entwickeln: MitarbeiterInnen kündigen, sind frustriert und machen im schlimmsten Fall Dienst nach Vorschrift.

Deshalb ist es wichtig, die Voraussetzungen für die Veränderung im Unternehmen zu schaffen. Betrachten Sie die MitarbeiterInnen als Gestalter statt als Ausführer und nutzen Sie die Potenziale aller. Schaffen Sie so Rahmenbedingungen, die eine Transformation voranbringen, und treffen Sie die entsprechenden Entscheidungen.

„Als Postwachstumsökonomie wird eine Wirtschaft bezeichnet, die ohne Wachstum des Bruttoinlandsprodukts über stabile, wenngleich mit einem vergleichsweise reduzierten Konsumniveau einhergehende Versorgungsstrukturen verfügt.“ – Nico Peach –

Zukunftsforscher sprechen von der „Postwachstumsökonomie“. Sie gehen davon aus, dass die Wirtschaft zukünftig nicht mehr wächst, sondern reift. Erfolgreiches Wirtschaften wird nicht mehr nach dem Wachstumsparadigma mit gut oder schlecht bewertet. Vielmehr werden ideelle Werte eines Unternehmens wichtiger. Purpose, der Zweck, bzw. Meaning, der Sinn, eines Unternehmens und wie dieses zur Lebensqualität der Menschen beiträgt, werden in Zukunft mit über den Erfolg eines Unternehmens entscheiden. Ebenso spielen ökologische Aspekte eine Rolle. Die 2018 entstandene Bewegung „Fridays for Future“ und die Wahlergebnisse für „Bündnis 90/Die Grünen“ in 2019 sind möglicherweise erste Anzeichen für diesen von den Zukunftsforschern erwarteten Paradigmenwechsel. In guten Zeiten maßvoll zu wachsen ist Teil einer nachhaltigen Unternehmensstrategie. Das umfasst Produktion oder Dienstleistung ebenso wie soziale Themen, beispielsweise soziales Engagement und Entwicklungsprozesse von Menschen und Organisationen.

„Wirtschaftlichkeit ist die Basis unseres Handelns, aber nicht Sinn unseres Tuns.“
– Bodo Jansen –

Transformation für Eilige

- Räumen Sie Hindernisse aus dem Weg. Das sind die Energiefresser auf dem Weg zu einer erfolgreichen Transformation.
- Bauen Sie auf den grundlegenden Stärken auf, die das Unternehmen in den vergangenen Jahren erfolgreich gemacht hat. Trans-

ferieren Sie diese in die neue Art des Denkens und Handelns. Das setzt Energie frei.

- Stellen Sie eine gemeinsame Ausrichtung, eine attraktive Vision, sicher.
- Erforschen Sie neue Sichtweisen und Möglichkeiten und sammeln Sie hierfür interne und externe Perspektiven. Setzen Sie den Explorationsmodus in Gang.
- Gehen Sie in den Prototyping-Modus. Probieren Sie aus, statt gleich die optimale Lösung zu finden.
- Lernen Sie in Iterationen und entwickeln Sie so Schritt für Schritt das neue Funktionieren des Unternehmens.
- Entwickeln Sie bei sich und Ihren MitarbeiterInnen eine Transformationskompetenz, um mit dem immer schnelleren Wandel umzugehen.

Ähnlich wie bei den Zellen der Raupe sind es anfangs erst einzelne Menschen und Gruppen, die vom alten System bekämpft werden, die dann aber in der Zahl zunehmen, sich vernetzen und plötzlich explosiv wachsen. Die Transformation findet statt. Es entsteht eine Organisation, die auf eine neue Art funktioniert. Eine Art, die sich die Menschen in der Organisation vor der Transformation nicht vorstellen konnten.

Weiterführende Infos siehe Link-Liste im Download

Potenzialanalyse Arbeit 4.0

Von der „Offensive Mittelstand" wurde gemeinsam mit dem Bundesministerium für Bildung und Forschung eine Potenzialanalyse entwickelt. Der Unternehmens-Check ist als Online-Tool und als PDF-Download verfügbar. Er wurde entwickelt, um kleine und mittelständische Unternehmen auf die digitale Transformation vorzubereiten, und umfasst folgende Bereiche: Möglichkeiten der 4.0-Technologien für unseren Betrieb, Strategie 4.0, Planung von 4.0-Prozessen, Umgang mit Daten, Beschaffung von 4.0-Technologie, Einführung der 4.0-Prozesse. Jeder dieser Bausteine kann nacheinander bearbeitet werden. Die Bearbeitungszeit pro Baustein liegt bei ca. einer Stunde. Die Ergebnisse können jederzeit eingesehen und Maßnahmen daraus abgeleitet werden

1.3.1 Was heißt Transformation für jeden Einzelnen oder: „Ich war noch niemals in ..."

In den meisten Fällen heißt das, erst mal aus der Komfortzone herauszutreten. Gewohntes und Bekanntes zu verlassen, kann Stress verursachen und bis zur Panik führen. Das Gefühl der Zugehörigkeit, das Vertrauen und die soziale Identität kommen ins Wanken. Auch Existenzängste können sich ausbreiten: Schaffe ich die Veränderung, was wird aus meinem Arbeitsplatz, was passiert, wenn meine fachlichen und persönlichen Qualifikationen nicht ausreichen? Was passiert mit meinem Team? Menschen, die eine Tendenz zu pessimistischem Denken haben, tun sich noch schwerer, sich auf etwas Neues einzulassen. Mit Gedanken wie „Das klappt ja eh nicht, dann brauche ich mich auch nicht zu verändern" machen sie es sich lieber in der Komfortzone bequem.

Mitwirken statt funktionieren oder: vom passiven Teilnehmer zum aktiven Teilgeber

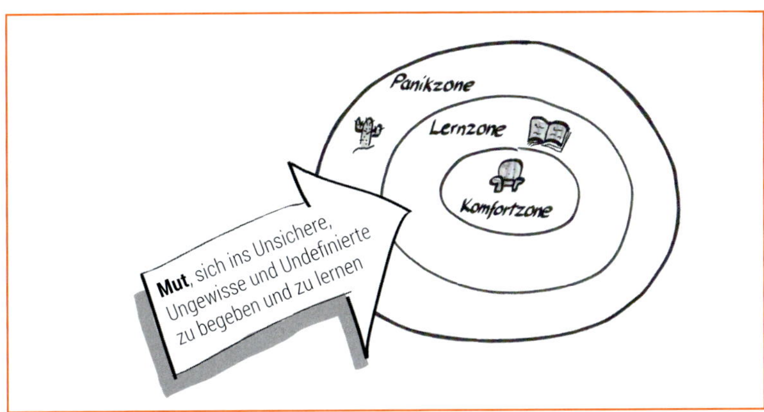

Abbildung 3: Transformation erfordert den Schritt aus der Komfortzone.

Am „Alten" festzuhalten ist oftmals die einzig mögliche Strategie, um das System aufrechtzuerhalten. Das „Neue" wird abgewertet und die Menschen grenzen sich ab: „wir" und „die anderen". Die Bereitschaft, interdisziplinär zu arbeiten, ist wenig bis gar nicht vorhanden. Soziale Identität, die sich durch Zugehörigkeit zum Unternehmen, zur Abteilung, zum Team prägt, wird gesucht. Das gibt Sicherheit und das Gefühl, besser dazustehen. In der Fachsprache wird das „Abwärtsvergleich" genannt, das Selbstwertgefühl steigt und die soziale Identität wird aufgewertet.

Das alles hat einen Einfluss auf unser Selbstkonzept, das beschreibt, wie wir uns wahrnehmen und welche Eigenschaften wir uns zuschreiben. Befinden wir uns in der „Panikzone" fühlt sich unser Selbstkonzept, also die Selbstkontrolle, der Selbstwert und die Kontinuität unseres Selbst, angegriffen.

Kennen Sie das Gefühl, die Kontrolle zu verlieren?

Das können im Change die Angst vor dem Arbeitsplatzverlust, das Gefühl der Überforderung, intransparente Kommunikation oder neu (verordnete) Werte sein. Die persönliche Zukunft wird als unklar und unsicher erlebt und die Selbstkontrolle gerät ins Wanken. Kennen wir die sogenannten Bedrohungen, fällt es uns leichter, damit umzugehen, uns in der Lernzone zu entwickeln, statt in der Panikzone zu erstarren. Für Sie als Führungskraft oder Change-ManagerIn sind **diese Faktoren** wichtig:

- **Erklären Sie das „Warum“:** Menschen wollen wissen, wozu etwas gemacht wird und wo es einzuordnen ist. Wenn wir etwas nicht verstehen, entsteht Unsicherheit. Deshalb erklären Sie, warum der Change stattfindet und was erreicht werden soll. So entsteht Verständnis bei den Menschen in der Organisation. (siehe auch, wo wollen wir eigentlich hin ...)

- **Seien Sie vorhersehbar:** Unangenehme Überraschungen können das Gefühl des Ausgeliefertseins erzeugen. Sorgen Sie, soweit es möglich ist, für Transparenz über die nächsten Schritte und was geplant wird, das gibt Orientierung und Sicherheit. Eine professionelle Kommunikation – kurz- und langfristig – macht die Zusammenhänge und auch die erreichten Ergebnisse (z.B. Quick Wins) bewusst und fördert die Motivation, sich einzubringen. Gibt es gerade keinen Plan, dann laden Sie zum Dialog ein.

- **Seien Sie offen:** Geheimnisse feuern den Kontrollverlust an. Nutzen Sie die Spielräume einer umfangreichen Kommunikation. Pläne und Ergebnisse zu veröffentlichen und selbst die Information „Es gibt derzeit nichts Neues“ verbessern die erlebte Kontrolle und ein positiveres Gefühl kann entstehen.

Weiterführende Infos zu Open Space & Co. im Download

- **Lassen Sie mitgestalten:** Wer sich mit eigenen Ideen einbringen kann, erlebt Kontrolle – und das fördert Stabilität. Beteiligen Sie Ihre MitarbeiterInnen über Co-Creation-Sessions, Befragungen, Workshops, Open-Space-Formate und Arbeitsgruppen oder laden Sie sie zu Gremien ein. Denn das Know-how des ganzen Unternehmens ist im Change gefragt.

- **Veränderungen beginnen zukünftig an der Basis:** Fordern Sie Ihre MitarbeiterInnen auf, Dinge kontinuierlich zu hinterfragen. Ideen sind willkommen und stören nicht. Sie sind Bestandteil der täglichen Arbeit. Wer Ideen hat, ist aufgefordert, sie in die Breite zu tragen, damit sie groß werden und Unterstützer finden.

Übrigens: Untersuchungen zeigen, dass es besser ist, schlechte Nachrichten weiterzugeben als gar keine. Oft geschieht das Gegenteil. „Das können wir unseren MitarbeiterInnen noch nicht mitteilen." Das befeuert den Flurfunk und der ist oft schneller als der Schall. MitarbeiterInnen sind enttäuscht, dass Geschehnisse, die noch vor Wochen dementiert wurden, nun doch eintreffen. Das zerstört sehr schnell das Vertrauen.

Stärken Sie den Selbstwert

Weil der Verlust von Status und Verantwortlichkeiten, verschlossene Karriereperspektiven oder mangelnde Wertschätzung den Selbstwert des Einzelnen bedrohen können, ist es wichtig, die Menschen in dem Veränderungsprozess fair zu behandeln.

Was trägt dazu bei, dass Entscheidungen als fair empfunden werden? Zum einen sind transparente Kriterien für Entscheidungen wichtig, zum anderen eine gerechte Verteilung der Vor- und Nachteile. Wird die Verteilung „der Lasten" als fair erlebt, steigt die Akzeptanz. Auch ein wertschätzender, respektvoller Umgang mit den MitarbeiterInnen in Gesprächen und Meetings trägt zu einem Empfinden von Fairness bei. Dürfen Sorgen und Ängste verbalisiert werden und die Betroffenen ihre Bedürfnisse und Wünsche äußern, fühlen sie sich ernst genommen. Dies bedeutet nicht, dass alles erfüllt werden muss. Oft reicht schon alleine das ehrliche Interesse für die Nöte der Menschen.

Außerdem trägt eine offene Kommunikation über Entscheidungen, strukturelle Veränderungen, neue Entwicklungen – inklusive der Rückschläge – dazu bei, dass die Führungsebene an Glaubwürdigkeit gewinnt. Die Angst, dass die MitarbeiterInnen mit schwierigen Entwicklungen nicht umgehen können, ist unbegründet. Meist ist sogar das Gegenteil der Fall. Offen und ehrlich kommunizierte Schwierigkeiten schweißen zusammen und entwickeln ein Problembewusstsein. Doch Vorsicht bei aufgebauschten Horrorszenarien. Diese können die Organisation lähmen und in Starre versetzen.

Unser Gehirn strebt nach Kohärenz

Bei Kohärenz handelt es sich um das Gefühl, dass das, was wir uns wünschen, seine Entsprechung im Außen erfährt. Bei kleineren Veränderungen passen wir uns schnell wieder an und das Kohärenzgefühl bleibt erhalten oder entsteht wieder. Doch bei Disruption und großen Unwägbarkeiten verlieren wir diesen inneren Zustand. Deshalb brauchen die meisten Menschen eine allmähliche Transformation, fließende Übergänge und nachvollziehbare Entwicklungen, um mit einem kohärenten inneren Zustand die Herausforderungen zu meistern. Dies ist von Mensch zu Mensch unterschiedlich, so wie auch die Wünsche und Bedürfnisse ganz verschieden sind. Deshalb wird ein Teil der MitarbeiterInnen schneller den Weg mitgehen und andere brauchen etwas mehr Zeit, um sich an neue Situationen anzupassen.

Auch Aaron Antonovsky, ein israelisch-amerikanischer Medizinsoziologe und Stressforscher, hat das Kohärenzgefühl in seinem salutogenetischem Konzept untersucht. Es ist das Fundament für die Entfaltung der Potenziale, die ja auch in der Transformation entscheidend für den Erfolg sind. Die folgenden **drei Faktoren lassen das Kohärenzgefühl entstehen:**

1. **Das Verstehen auf kognitiver Ebene**: Wir erleben unsere äußere und innere Umgebung als strukturiert, vorhersehbar und erklärbar, können Entwicklungen einordnen und begreifen die Welt um uns herum als verständlich und nachvollziehbar.

2. **Das Handhaben auf der Verhaltensebene**: Wir finden Lösungen für die Herausforderungen und haben das Gefühl, den Anforderungen gerecht zu werden. Wir haben Zuversicht und Hoffnung in die eigenen Stärken und das Vertrauen in die Führung bzw. in das Unternehmen.

3. **Die Sinnhaftigkeit auf der emotionalen Ebene**: Wir zeigen inneres und äußeres Engagement und empfinden unser TUN als bedeutsam. Das Gefühl, einen Beitrag zu leisten, gibt unserem Handeln einen Sinn. Dies ist der wichtigste Punkt bei der Entstehung des Kohärenzgefühls.

Mind-Set ist übrigens keine Frage des Alters.

Vielleicht fragen Sie sich jetzt, warum das hier in etwas anderer Form noch mal zu lesen ist. Wir sind überzeugt, dass dies zentrale Erfolgsfaktoren in der Transformation sind, die viel zu oft übersehen werden. Denn die Bedeutung liegt auf der Hand. Auch wenn Veränderung auf persönlicher Ebene für viele Menschen als befreiend empfunden wird, ist es auf der organisationalen Ebene eher eine Bedrohung. Widerstand entsteht und ist eine ganz natürliche Reaktion von Menschen, wenn auf die Bedürfnisse nicht eingegangen wird. Führung, die auf ein positives Kohärenzgefühl einzahlt, stärkt damit den Transformationsprozess.

Dies bedeutet nicht, dass die Transformation im Kuschelkurs stattfinden soll, denn es geht darum, auch in Zukunft erfolgreich am Markt bestehen zu können. Unternehmen haben den Zweck der Wirtschaftlichkeit und hier geht es meist um „Euronen". Konstruktive Konflikte, das Auseinandersetzen mit Werten, der Kultur, dem Mindset und unterschiedlichen Ansichten sind ein ganz wichtiger Teil des Prozesses.

Circle of Influence

Ein der Komfort-, Lern- und Panikzone vergleichbares Modell ist der „Circle of Influence“ von S. R. Covey. Er beschreibt ebenfalls drei Zonen:

- **Circle of Control:** Dieser Bereich liegt in der Verantwortung und Steuerung jedes Einzelnen, in dem er/sie sich selbst führt und kontrolliert. Man ist nicht von anderen abhängig. Hier erleben wir uns selbstbestimmt und sicher.
- **Circle of Influence:** Hier verortet sich alles, was vom Einzelnen direkt beeinflusst oder mit anderen abgestimmt werden kann, z.B. das nähere Umfeld. Je mehr wir unsere Aufmerksamkeit auf diesen Bereich lenken, desto größer empfinden wir die Möglichkeit, Einfluss zu nehmen und gestalten zu können. Das Kohärenzgefühl (siehe oben) entsteht überwiegend hier.
- **Circle of Concern:** In diesem Kreis befinden sich all jene Dinge, die uns interessieren und beeinflussen, auf die wir allerdings keinen oder sehr wenig Einfluss haben. Das sind beispielsweise das Klima, politische Ereignisse oder bestimmte Unternehmensentscheidungen. Wenn wir uns zu stark darauf fokussieren, erleben wir uns als hilflos, fühlen uns ausgeliefert oder klein. Lassen Sie sich trotzdem nicht entmutigen. Denken Sie an die Umweltaktivistin Greta Thunberg.

Abbildung 4: Circle of Influence

Workshop-Beschreibung zum Modell im Download

1.3.2 Was heißt Transformation für das Unternehmen?

Transformation ist mit einem Paradigmenwechsel verbunden, in dem auch ein Kulturkampf stattfindet. Die „Erneuerer“ und die „Bewahrer“ ringen um Werte und Leitideen, wobei die unterschiedlichen Unternehmenskonzepte gegeneinander antreten.

Aus der Geschichte heraus können wir an dem bekannten Beispiel „Die Erde ist eine Scheibe“ beobachten, dass zu den „herrschenden Lehren“ neue, stimmige Hypothesen dazukommen, diese aber nicht sofort anerkannt und übernommen werden. Es dauert manchmal Jahre, bis sich neue Denkweisen in den Köpfen der Menschen etabliert haben. Status, Einkommen, Macht und Hierarchie werden von den Betroffenen meist vehement verteidigt (auf die Phasen der Veränderung mit ihren emotionalen Aspekten gehen wir auf S. 93 ff. ein).

Fünf Schritte, um die Widersprüche aufzulösen:

Abbildung 5: Fünf Schritte, um Widersprüche aufzulösen

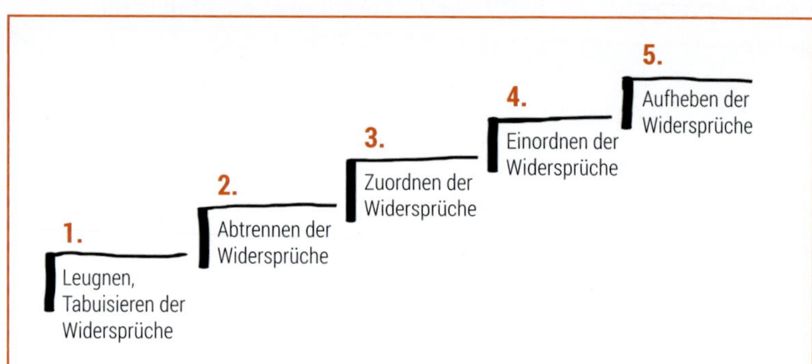

1. **Leugnen und Tabuisieren:** Den neuen Fakten/Thesen wird widersprochen. *„Agiles Projektmanagement und Selbstorganisation sind nur ein kurzzeitiger Trend."*

2. **Abtrennen der Widersprüche:** Die neue Auffassung wird umdefiniert oder abgespalten, damit das bestehende Weltbild weiterhin Bestand hat. *„Selbstorganisiertes Arbeiten wäre schön, doch unsere MitarbeiterInnen können/wollen das nicht."*

3. **Zuordnen der Widersprüche:**
   a) Der Gültigkeitsbereich wird eingeschränkt. *„Agiles Projektmanagement geht nur in der IT-Entwicklung, nicht bei uns."*
   b) Zusätzliche Hypothesen werden gebildet. *„Wir entscheiden das wie bisher, aber fragen die betroffenen Abteilungen, ob sie noch etwas beizutragen haben."*

4. **Einordnen des Widerspruchs:** Das Weltbild wird an die neuen Fakten/Thesen angepasst. *„Unsere Prozesse sind zu formal und engen uns ein. Wir brauchen eine schlankere, flexiblere Vorgehensweise der Zusammenarbeit."*

5. **Aufheben des Widerspruchs:** Das neue Konzept wird anerkannt und Schritt für Schritt umgesetzt. *„Selbstorganisation entlastet das gesamte Unternehmen, wenn wir mehr Entscheidungsbefugnisse in die Teams geben."*

Behandeln Sie die Vergangenheit mit Respekt.

Lassen Sie sich als Change-Team nicht von den Widersprüchen verwirren. Das Ringen damit ist ein evolutionärer Schritt im Veränderungsprozess. Der Weg in die jeweils nächste Phase geht durch eine Krise und ist mit der Entscheidung für eine neue Art der Organisation verbunden. Achten Sie auf die stabilisierende Wirkung der bisherigen Kultur mit ihren Werten, denn daraus wird das Selbstverständnis eines jeden Einzelnen geprägt.

Als Organisation geht es darum, neue Rahmenbedingungen zu schaffen, um ein produktives Arbeiten zu ermöglichen. Das kann von einer veränderten physischen Arbeitsplatzgestaltung bis hin zu flexibleren Arbeitsstrukturen (selbstbestimmtes Arbeiten) gehen. Wichtig ist, die MitarbeiterInnen mit den entsprechenden Transformationskompetenzen auszustatten und sie darin zu befähigen, was es heißt, im Zeitalter der Wissensgesellschaft zu arbeiten. Veränderungsfähigkeit, Selbstverantwortung und Lernbereitschaft sind hier die Stichworte. Cross-funktionale Teams (alle Expertisen sind innerhalb des Teams vorhanden), selbstorganisierte und agile Arbeitsformen gehören ebenso dazu wie flexibles Lernen (z.B. E-Learning) und neue Formen selbst gesteuerten Lernens (die Teilnehmer entscheiden selbst, was und wie sie lernen).

1.4 Die Transformation verstehen

Transformation ist kein Projekt, das abgearbeitet und dann abgeschlossen wird. Es läuft in Entwicklungsphasen, die Vision dient dabei als Energiequelle und Vision der guten Zukunft. Daran wird sich immer wieder neu orientiert und ausgerichtet. Sie hält den Transformationsprozess am Laufen.

1.4.1 Die digitale Transformation

Es ist wichtig zu verstehen, dass es sich bei der digitalen Transformation eher um eine Strategie und weniger um eine Technologie handelt. In erster Linie ist es entscheidend, Ihr strategisches Denken zu entwickeln. Hinterfragen Sie die geschäftlichen Aktivitäten Ihres Unternehmens und erfinden Sie sich neu. Erkennen Sie die blinden Flecken und überdenken Sie die Strategie in Bezug auf Ihre Kunden, den Wettbewerb, Ihre Daten, Ihre Innovationsfähigkeit und Ihre Wertschöpfung. Dass Sie dabei auch Ihre IT-Systeme und Strukturen auf Vordermann bringen, sollte selbstverständlich sein.

Es geht also um ein Umdenken im Sinne von „Neues Denken lernen" – und um unternehmerische Agilität.

Der Nutzen der Digitalisierung liegt darin, Daten effizient zu verarbeiten, um die Kommunikation einfacher und schneller zu machen sowie Menschen schneller und leichter zusammenzubringen durch eine hohe Geschwindigkeit, Transparenz, Vernetzung und Mobilität.

Nehmen Sie sich Zeit und reflektieren Sie die folgenden Impulse

- Auf was fokussieren Sie sich in Ihrem Unternehmen?

  ………

- In was wollen Sie zukünftig investieren?

  ………

- Wovon sollten Sie sich trennen?

  ………

- Welche Ressourcen setzen Sie ein, um künftige Unternehmungen zu unterstützen?

  ………

- Wie messen Sie Ihre Erfolge? Was sind die Faktoren, die Sie bisher dafür herangezogen haben? Welche Faktoren sollten Sie zukünftig bei einer Neuausrichtung heranziehen?

  ………

Überlegen Sie auch, welche Verhaltensweisen in Ihrem Unternehmen unterstützt, erlaubt und belohnt werden.

- Wofür werden Ihre Führungskräfte verantwortlich gemacht?

  ………

- Wie wählen Sie neue ManagerInnen und MitarbeiterInnen aus?

  ………

- Wie unterstützt Ihr Vergütungsmodell die notwendigen Änderungen der Strategie?

  ………

Sind Sie bereit für die digitale Transformation? Selbsteinschätzungstest im Download

Übrigens: Unternehmen, die im digitalen Zeitalter vorneweg sind, kombinieren eine ausgeprägte strategische Denkweise mit förderlichen Führungsqualitäten (mehr dazu im Kapitel 4 zur transformationalen Führung ab S. 120 ff.).

1.4.2 Erfolg oder Misserfolg in der digitalen Welt – die Unterschiede

Was unterscheidet Unternehmen, die sich erfolgreich an die digitale Welt anpassen, von denjenigen, die scheitern? Betrachten wir die fünf Domänen der digitalen Transformation: Kunden, Wettbewerb, Daten, Innovation und Wertschöpfung.

Abbildung 6: Domänen der Transformation

Domäne	bisher	heute
Kunden	Die Kunden werden überzeugt, etwas zu kaufen, um die größtmögliche Effizienz zu erzielen (Massenmärkte, -produktionen und -kommunikation).	**Kundennetzwerke nutzen.** Die Kunden sind dynamisch miteinander verbunden, interagieren und beeinflussen sich. Sie haben so einen Einfluss auf den Ruf des Unternehmens. Digitale Tools ermöglichen es, Produkte zu entdecken, zu bewerten und auch zu benutzen. Kunden werden so zum besten Markenbotschafter. **Das können Sie tun:** Lernen Sie, wie ein Medienunternehmen zu denken und erarbeiten Sie eine zukunftsfähige Kundenstrategie. Beschäftigen Sie sich mit den fünf Kernverhaltensweisen von Kundennetzwerken: Zugang, Inspiration, Anpassung, Vernetzung, Zusammenarbeit.
Wettbewerb	Rivalisierende Unternehmen aus ähnlichen Geschäftsbereichen stehen konkurrierend zueinander.	**Plattformen entwickeln, statt nur Produkte anbieten.** Die digitalen Technologien stärken die Macht der Plattformgeschäftsmodelle. Damit können enorme Werte geschaffen werden. Außerdem entsteht ein Gerangel um Unternehmen mit ganz unterschiedlichen Geschäftsmodellen. **Das können Sie tun:** Lernen Sie die Prinzipien zu verstehen: Plattformgeschäftsmodelle, direkte und indirekte Netzwerkeffekte, Kooperationswettbewerbe, wettbewerbsfähige Wertketten. Entwickeln Sie Ihre eigene Wettbewerbsstrategie.

Domäne	bisher	heute
Daten	Traditionell wurden Daten durch gezielte Maßnahmen erzeugt: Kundenbefragungen, Marktumfragen, Inventurlisten etc. Diese Daten werden zur Evaluation, Entscheidungsfindung und für Vorhersagen genutzt.	**Daten umwandeln.** Eine regelrechte Datenschwemme überrollt uns, diese ist unstrukturiert und weniger gezielt. Die Daten werden aus allen Interaktionen gewonnen und automatisch generiert: aus Gesprächen, Abläufen, Social Media, Sensoren etc. Diese werden mit neuen „Big Data"- Analysetools nutzbar gemacht, um neuartige Vorhersagen zu treffen oder unerwartete Muster in den geschäftlichen Aktivitäten aufzudecken. So werden neue Werte generiert, die auch einen Einfluss auf die Positionierung des Unternehmens haben. **Das können Sie tun:** Lernen Sie, wie Sie aus Ihren Daten Werte generieren können: die neuen Quellen und analytischen Fähigkeiten von Big Data, die Rolle der Kausalität in der datengesteuerten Entscheidungsfindung, die Risiken in Bezug auf die Privatsphäre und den Datenschutz.
Innovation	Bisher haben sich die Innovationen auf das fertige Produkt konzentriert. Markttests sind oftmals schwierig und teuer. Innovationsentscheidungen basieren auf Analysen oder der Intuition der Geschäftsführung. Fehler kosten Geld.	**Innovationen durch schnelles Experimentieren.** Maximales Lernen durch ständiges Experimentieren – die Start-ups machen es vor. Mit den digitalen Technologien können Ideen einfacher und kostengünstiger getestet werden. Iterative Prozesse fördern ein schnelles Feedback des Marktes/Kunden. Das verkürzt den Innovationsprozess und die Markteinführung. Kontinuierlicher Verbesserungsprozess (KVP) durch organisatorisches Lernen. **Das können Sie tun:** Entwickeln Sie ein Verständnis von konvergenten (valide Stichproben, Testgruppen, Kontrollen) und divergenten (Fragestellungen mit unbestimmtem Ausgang) Experimenten. Ermöglichen Sie eine konstruktive Fehlerkultur.
Wertschöpfung	Ein konstantes und klares Wertversprechen (Sicherheit, Komfort, Prestige, Freude) liefert dem Kunden den Nutzen.	**Das eigene Wertversprechen anpassen.** Jede Technik bietet eine Möglichkeit, sich als Unternehmen weiterzuentwickeln, Chancen schnellstmöglich zu nutzen und den Anschluss zu halten. Ein unveränderliches Marktversprechen fordert neue Wettbewerber heraus und lässt nachlässige oder langsame Unternehmen untergehen. **Das können Sie tun:** Lernen Sie, über Ihr aktuelles Geschäftsmodell hinauszublicken und überlegen Sie sich, welchen Nutzen Sie Ihren Kunden am besten bieten können.

Ausführliches Arbeitsblatt im Download

Dienstleistungen und Produkte sind im digitalen Zeitalter durch den stetigen Wandel geprägt, das heißt, sie sind noch nicht endgültig. Sie werden ständig ergänzt, weiterentwickelt, verbessert und mit neuen Eigenschaften versehen. (–> Interessante digitale Geschäftsmodelle finden Sie in der Link-Liste im Download.)

1.4.3 Eine Analogie: Die vier Jahreszeiten im Wandel

Das Leben verläuft in Rhythmen und die Natur lebt von Gegensätzen. Sie bringt Phasen des Wandels mit verschiedenen Qualitäten hervor. Betrachten wir die vier Jahreszeiten. Jede Jahreszeit steht für unterschiedliche Qualitäten und unterliegt einem Wandlungsprozess von der einen in die nächste Phase. Gleichzeitig stehen sich zwei Jahreszeiten gegenüber: Sommer und Winter, Frühjahr und Herbst. Dies sind die Polaritäten, die zusammen ein Ganzes – einen geschlossenen Kreis – ergeben. Genauso ist es mit den Himmelsrichtungen: Osten und Westen sowie Süden und Norden. Vielleicht hilft Ihnen diese Analogie, um den Transformationsprozess bei sich selbst und bei Ihren MitarbeiterInnen besser zu verstehen. Lassen Sie sich auf die Qualitäten der vier Jahreszeiten ein.

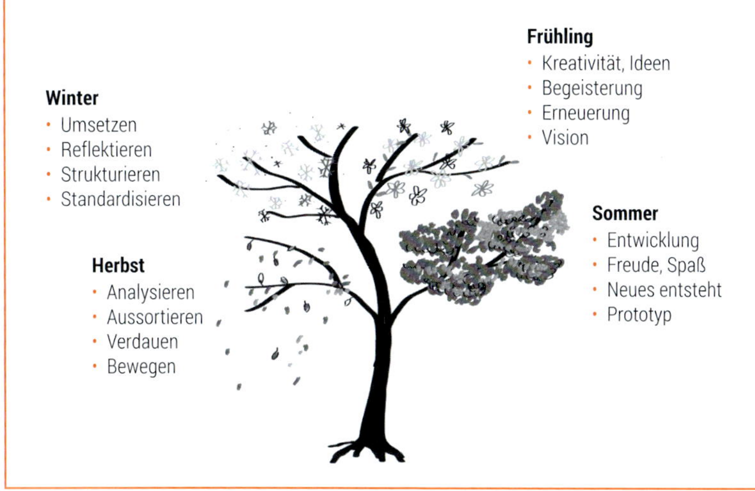

Abbildung 7: Die vier Jahreszeiten als Metapher des Wandels

Frühling: Die Erneuerung

Ein erfolgreiches Unternehmen braucht – ebenso wie der einzelne Mensch – eine geistige Kraft, die einen Nutzen stiftet. Ohne diese geistige Kraft würde es weder neue Ideen, Innovation noch BeGEISTerung geben. Jedes Unternehmen, jedes Produkt entspringt dem Geist mit einer Idee. Es braucht den Funken und eine sinnstiftende Motivation, damit innovative Ideen sprießen können. Der Glaube, dass aus der Idee ein Erfolg werden kann und sich etwas bewegt, entfacht das Feuer für die weitere Entwicklung.

Es ist diese erneuernde Energie, die für jede Transformation unabdingbar ist. Festgefahrene Strukturen werden gesprengt und Regeln

losgelassen. Denken Sie an das Frühjahr, mit welcher Kraft die Natur das Wachstum hervorbringt. Die Knospen der Bäume sind nicht mehr aufzuhalten, sobald die ersten wärmeren Tage locken. Das ist eine Art der Neuorientierung, um Kontrolle aufzugeben oder einmal Dinge auf den Kopf zu stellen.

Wenden Sie die Kopfstandmethode an, um Ihren kreativen Geist anzuregen. Eine Anleitung finden Sie im Download.

Eine Befreiung von eigenen Grenzen und die Kraft des Unbekannten bricht sich Bahn. Der Frühling steht folglich für die Auflösung der Form und das Sich-Einlassen auf das Unbekannte. Das passt in die Transformationsprozesse: Das Alte hat keinen Bestand mehr, obwohl noch nichts Neues entstanden ist. Um diese Wandlung zu durchleben, muss sich die Form auflösen. Die Schmetterlingsraupe kann auch nicht warten, dass sie zuerst zum Schmetterling wird, bevor sie ihr Raupendasein aufgibt. Das ist der sogenannte erste Tod, den sie stirbt.

Der Frühling steht daher auch für die Start-up-Unternehmen. Sie brauchen natürlich keine festgefahrenen Strukturen aufbrechen, denn in ihnen entsteht ja erst eine Form. Die Aspekte des Frühjahrs sind Vertrauen, loslassen und eine höhere Ordnung zulassen. Dies ist heute in vielen Unternehmen noch anders. Es gibt wenig Vertrauen und viel Kontrolle, die sich in Regeln und Verordnungen manifestiert. Diese im Transformationsprozess loszulassen braucht Mut und vor allem Vertrauen. Paradox? Vielleicht, und genau deshalb heißt es, damit umgehen zu lernen.

Frühling
- Kreativität, Ideen
- Begeisterung
- Erneuerung
- Vision

Reflexionsfragen Frühling

- Was begeistert mich?
- Welche Kraft der Begeisterung habe ich in mir, um andere anzustecken?
- Wie kann ich kreativ und innovativ sein?
- Was braucht mein Team, um kreativ zu sein?
- Welche Strukturen möchte ich aufbrechen?
- Welche Regeln haben wir, die es loszulassen gilt?
- Wo bin ich bereit, Kontrolle aufzugeben?
- Was ist besonders schwer loszulassen?
- Wie kann ich Vertrauen aufbauen bzw. anderen entgegenbringen?
- Was symbolisiert das Neue für mich/für mein Team?
- Welche Samen brauchen gute Pflege, damit sie wachsen?

Sommer: Die Entwicklung

Im Sommer stecken die spielerische Kindheit, die Freude und der Spaß. Lebendigkeit, Spontanität und die Wahrnehmung mit allen Sinnen machen den Sommer aus. Etwas Neues entsteht. Es entwickeln sich Perspektiven und es ist zu erkennen, wo es hingeht. Der Blick auf die künftige Wirklichkeit klärt sich. Erkenntnisse werden gewonnen und es zeichnet sich ab, wie das Produkt oder die Dienstleistung künftig aussehen soll. Somit kommt Licht und Transparenz in den Entwicklungsprozess. Zum Sommer gehören auch die Fragen der Sicherheit und Zugehörigkeit. Für Unternehmen und auch für die MitarbeiterInnen stellen sich die Fragen: Wie sicher fühlen sich die MitarbeiterInnen, welche emotionale Bindung empfinden sie und wie zugehörig fühlen sie sich?

Übertragen in die Welt der Organisationen ist es das spielerisch-improvisierte Handeln, in dem mit Freude und Spaß etwas Neues entsteht. Ein Übergewicht des Sommers zeigt sich, wenn Maß- und Grenzenlosigkeit entstehen und zu wenig Wert auf die gegenüberliegende Qualität des Winters mit seinen Strukturen und Prinzipien gelegt wird. Das beispielsweise zeigt sich in der westlichen Konsumwelt.

Sommer
- Entwicklung
- Freude, Spaß
- Neues entsteht
- Prototyp

Reflexionsfragen Sommer

- Was kann ich in mir entwickeln?
- Wie kann ich mein Team entwickeln?
- Wie kann ich spielerisches Handeln bei mir und in meinem Team fördern?
- Wann braucht es Improvisation?
- Wie können wir Freude und Spaß erhalten?
- Welche Einsichten habe ich in der Vergangenheit gewonnen?
- Welche Erkenntnisse hat mein Team gewonnen?
- Wie kann ich meinen Gefühlen Raum geben?
- Wie zeigen sich meine MitarbeiterInnen mit ihren Gefühlen?
- Wie sicher fühlen sich meine MitarbeiterInnen?
- Welche Vorstellung habe ich von der Zukunft?
- Welches Zukunftsbild gibt es in meinem Team?
- Wie emotional verbunden sind meine MitarbeiterInnen mit dem Team/Unternehmen?
- Wie stark fühlen sich meine MitarbeiterInnen dem Team/Unternehmen zugehörig?

Herbst: Das Aussortieren

Der Herbst steht dafür, etwas in Bewegung zu bringen. Verschiedene Aktionen werden geplant, Pilotprojekte laufen und Analysen sind erstellt. Prüfen und Aussortieren sind Qualitäten des Herbstes, unbrauchbarer Ballast wird abgeworfen. Die Spreu trennt sich vom Weizen, mit dem Weizen wird weitergearbeitet. Im Sommer wird alles aufgenommen, im Herbst wird es verdaut. Das bedeutet auch, Zweifel zu beleuchten, eine Innenschau zu halten, Vor- und Nachteile zu erkennen. Im Herbst heißt es, Klarheit zu gewinnen und ehrlich mit sich und den eigenen Gefühlen umzugehen. Wichtig dabei ist es, sich aus der Dynamik heraus gut zu vernetzen und Strategien zu entwickeln, anstatt sich zu Tode zu organisieren.

Auf der psychologischen Seite bedeutet dies, bei sich selbst zu erkennen, was zu einem gehört und was nicht. Welche Glaubenssätze habe ich in mir, die angelernt und vielleicht schon längst überholt sind? Wer bin ich und was ist meine Aufgabe? Es geht darum, die tiefere Wahrheit zu erkennen und sich über die innere Haltung klar zu werden.

Auf der Unternehmensebene gilt es zu prüfen, welche Glaubenssätze und Artefakte (siehe S. 79) es in der Organisation gibt: Welche Grundannahmen könnten bestehen, weshalb so oder so gehandelt wird? Welches kollektive Wissen ist hinderlich, um in die gute Zukunft zu gehen? Jetzt heißt es, auf Forschungsreise zu gehen. Wovon wollen wir weg und wo genau wollen wir hin? Eine übertriebene Form des Herbstes zeigt sich in Angst vor Fehlern oder übertriebener Selbstkritik. Im Herbst ist es Zeit, die Transformation auf den Weg zu bringen.

Herbst
- Analysieren
- Aussortieren
- Verdauen
- Bewegen

Reflexionsfragen Herbst

- Was ist gerade in Bewegung?
- Welche Projekte laufen gut, welche gehen schleppend voran?
- Wie betrachten wir das Nutzen-Aufwand-Verhältnis unseres Tuns?
- Was wollen wir künftig nicht mehr tun?
- Was wollen wir beibehalten?
- Wie können wir eine hohe Qualität sicherstellen?
- Wie gehen wir mit Fehlern um?
- Welche Strategien gilt es zu entwickeln?
- Was hindert die Organisation, sich weiterzuentwickeln?
- Welche organisationalen Glaubenssätze gibt es in unserem Unternehmen?
- Welche innere Haltung prägt unser Denken und Handeln?

Winter: Das Umsetzen

Jetzt geht es um das Umsetzen, die Transformation ist in vollem Gang. Vorhaben und Ideen wollen in die Realität umgesetzt werden. Vorausschauendes Planen und Strukturieren geht einher mit Evaluieren, Lernen und Kommunizieren. Hierzu brauchen wir unseren Verstand, um zielgerichtet voranzugehen und auf den Punkt zu kommen, sowie Klarheit, um Entscheidungen zu treffen und Standards zu stabilisieren. Dazu gehören beispielsweise auch Job- oder Rollenbeschreibung mit klaren Verantwortlichkeiten ebenso wie Prinzipien für die Zusammenarbeit.

Unplanbares und Unberechenbarkeit mag der Winter nicht. Wird zu viel Energie in ihn gelegt, drohen übertriebene Bürokratie, Kontroll- und Machtstrukturen oder zwanghaftes Handeln. Wenn der Herbst für die Pubertät bis hin zum Erwachsenwerden steht, kann der Winter als Erwachsensein bezeichnet werden. Dies bedeutet, Verantwortung zu übernehmen: für sich selbst und darüber hinaus für die Gemeinschaft.

In der Qualität des Winters mit dem strukturierten Handeln sowie viel Gewicht auf Verpflichtungen, Terminen und Projekten steckt zugleich das Risiko, die innere Beweglichkeit zu verlieren und zu stagnieren. Deshalb ist es wichtig, die zyklischen Phasen zuzulassen. Nur so kann die dem Winter innewohnende Kraft der Erneuerung wirken, um liebgewonnene Strukturen wieder loszulassen und frei für die Energie und Kraft des Frühjahrs zu werden.

Winter
- Umsetzen
- Reflektieren
- Strukturieren
- Standardisieren

Reflexionsfragen Winter

- Wo braucht es Standards?
- Wie können wir trotz Standards beweglich bleiben?
- An welchen Stellen zeigt sich Veränderungsbedarf?
- Was können wir aus den vorangegangenen Phasen lernen?
- Wie treffen wir Entscheidungen?
- Wie kommunizieren wir?
- Welche Kommunikationswege sind hilfreich – welche nicht?
- Wie können wir alle Beteiligten und Betroffenen umfassend informieren?
- Wo braucht es Klarheit? Was liegt in meiner Verantwortung?
- Welche Verantwortung hat das Team?
- Welche gesellschaftliche Verantwortung habe ich?

Arbeitsblatt zu den Reflexionsfragen im Download

In den vier Jahreszeiten stecken die Kräfte für die Transformation. Ist eine Jahreszeit unterentwickelt, wirkt sich das auf die gegenüberliegende aus. Wird z. B. die spielerische Freude des Sommers ausgelassen, so zeigt sich das im Winter. Es ist wie bei einem kleinen Kind, das nicht Kind sein durfte und sich als Erwachsener immer noch wie ein Kind verhält. Im Unternehmen zeigt sich dies z.B., wenn von den Führungskräften oder MitarbeiterInnen „Machtspielchen“ gespielt werden. Es findet keine Kommunikation auf Augenhöhe statt, Verantwortlichkeiten werden hin und her geschoben oder Standards nur auf dem Papier eingehalten.

In der Mitte, im Kreuzpunkt der Linien, verfügen wir über alle vier Qualitäten. Und wir durchlaufen diese immer wieder, mal in sekundenschnellen, mal in langsameren Zyklen. Der längste davon ist unser Leben, von der Geburt bis zum Tod – und das gilt auch für Organisationen.

1.5 Change-Management

Allgemein ausgedrückt bedeutet Change-Management die „Steuerung von Veränderungen“.

Transformation ist mehr als Change-Management.

Change-Management löst Veränderungen aktiv aus und steuert den sozialen Veränderungsprozess bewusst. Es setzt Veränderungen gezielt um und sichert sie nachhaltig ab. Change-Management arbeitet auf den Ebenen der Strategie, Kultur und der individuellen Bedürfnisse der Betroffenen – es integriert die fachliche Lösungsfindung mit den sozialen Veränderungsprozessen in einem gemeinsamen Vorgehen. Somit berücksichtigt es die Wechselwirkung zwischen den Individuen, Gruppen, anderen Organisationen, Werten, Kommunikationsarten, Machtkonstellationen und anderen Charakteristika, die in einer Organisation bestehen.

Change-Management

- hilft, die **emotionale Ebene** bei den von einer Veränderung Betroffenen gezielt, gesteuert und aktiv zu bearbeiten,
- begleitet den Veränderungsprozess **ganzheitlich, indem geplant, der Wandel durchgeführt, stabilisiert** und kontrolliert wird,
- behauptet nicht, die Wunderwaffe zu sein, sondern plant und portioniert die Veränderungsschritte in einem **stufenweisen Prozess**,
- unterstützt die Betroffenen dabei, **gewohnte Denk- und Verhaltensmuster**, wenn nötig, **infrage zu stellen** und neue zu entwickeln,
- **integriert** Hand in Hand die fachliche Lösungsfindung und den sozialen Veränderungsprozess – von der ersten Minute an.

Über allen Change-Management-Aktivitäten steht die Absicht, die Organisation zu verbessern, indem man die Art und Weise, wie gearbeitet wird, durch gezielte Veränderungen verbessert. In letzter Konsequenz geht es beim Change darum, die langfristige Überlebens- und Entwicklungsfähigkeit zu erhalten oder rechtzeitig wiederherzustellen. Es versetzt die Organisation in Bewegung, damit die Energie für neue Entwicklungen und Innovationen entstehen kann.

So viel zur Theorie ...

1.5.1 Wie kann Change heute gelingen?

Eines gleich vorweg: Eine Zauberformel für den Change gibt es nicht. Wenn wir sie hätten, würden wir sie wahrscheinlich erfolgreich vermarkten. Die Komplexität der Arbeitswelt lässt sich nicht auf eine Formel reduzieren, auch wenn sich das viele ManagerInnen wünschen. Wenn wir Change-Management aus der VUKA-Welt (Volatilität, Unsicherheit, Komplexität, Ambiguität) betrachten, wird klar, dass Vorhersehbarkeit eine Illusion ist. Stures Befolgen eines Plans oder vorgegebener Regeln funktioniert heute nicht mehr.

Es braucht Vitalität, Kreativität und Lebendigkeit in den Unternehmen. Die lange vorherrschende mechanistische Sichtweise auf Unternehmen (in der Blütezeit des Taylorismus waren Organisationen durchaus mit Maschinen vergleichbar) ist vorbei. Früher gab es weniger unvorhersehbare äußere Einflüsse und es ging mehr um die Funktionsfähigkeit des Unternehmens – oft auch der MitarbeiterInnen. Der Markt war vom Verkauf geprägt und der Wettbewerb geringer. So konnte man sich auf eine Normierung bzw. Standardisierung der Arbeit konzentrieren, die hocheffizient und wirtschaftlich erfolgreich war. Schnelles, flexibles Anpassen an neue Anforderungen des Kunden war damals weniger wichtig. Die vorgegebenen Regeln wurden kaum hinterfragt, sondern befolgt. „Denken ist bei uns nicht erwünscht." Diese oder ähnliche Aussagen haben wir häufig in Seminaren oder Workshops gehört. Doch mit dieser Haltung lassen sich die Herausforderungen von heute nicht mehr meistern.

Ein anderer Change – eine andere innere Haltung

Der oftmals noch vorherrschende mechanistische Blick – „das Unternehmen muss funktionieren" – fördert unternehmerische Glaubenssätze im Sinne von: „Wir können alles messen und haben es somit im Griff." Wenn etwas nicht mehr läuft, wird es repariert. Das geht zwar mit Maschinen (zumindest meistens), jedoch nicht mit Menschen. Lange Zeit hat sich die Illusion gehalten, dass nach harten „Fakten" entschieden wird. Weiche Faktoren wie Gefühle oder Intuition waren im Business fehl am Platz oder sogar tabu. Inzwischen ist bekannt, dass Gefühle und Intuition ein wertvoller Begleiter in Veränderungsprozessen sind. Wenn Ängste von Betroffenen nicht ernst genommen oder einfach ignoriert werden, können Verweigerung und Blockadehaltungen bis hin zu bewussten Sabotagen die Folge sein.

Kollektives Wissen ist gefragt. Die heutige Komplexität ist von einem Menschen allein durch sein individuelles Wissen nicht mehr zu erfassen. Implizites Wissen, das dem Einzelnen meist nicht bewusst ist, sowie das kollektive Wissen der gesamten Organisation, wird gebraucht.

Die Erde ist keine Scheibe. Der Glaube, dass die bisherigen Strategien und Management-Modelle die einzige Wahrheit sind, ist vergleichbar mit der Überzeugung von früher, dass die Erde ein Scheibe ist. Schattenorganisationen sind die Folge – ein offenes Geheimnis in vielen Organisationen. Die Führung hört das, was sie hören will, und die Zahlen werden so gepflegt, dass sie den vorgegebenen betriebswirtschaftlichen Kennzahlen entsprechen. Gleichzeitig werden die Ziele weiter nach diesen Zahlen gemessen. Oftmals funktioniert es nur noch, weil es diese Schattenorganisationen gibt. Wie viel Wertschöpfung dabei auf der Strecke bleibt, können wir nur erahnen.

Wertschöpfung ist das Ziel produktiver Tätigkeit. Überlegen Sie für sich, wie hoch Ihr Anteil an produktiver Arbeit ist. Das ist der Anteil, wofür der Kunde bezahlt. Wie viele Stunden verbringen Sie mit anderen Tätigkeiten, um z. B. Vorgaben einzuhalten oder aufgeblähte Prozesse abzuarbeiten? In dieser Zeit findet keine Wertschöpfung statt. Hier macht es durchaus Sinn, die bisherigen Regelungen zu hinterfragen. Ist der Aufwand das Ergebnis wert? Oder würden wir ein ähnliches – oder sogar besseres – Ergebnis, mit weniger Aufwand bekommen? Nur weil wir „es schon immer so gemacht haben" oder das „Kostenstellen-hin-und-her-schieben-Spiel" spielen?

Viele MitarbeiterInnen fühlen sich erschöpft vom x-ten Change-Projekt und der letzten Reorganisation. Abwarten und Aussitzen lautet dann die Devise. Wenn sich die Wogen geglättet haben, geht es weiter wie bisher. Sollen wir daher einfach alles sein lassen? Die Antwort auf diese Frage lautet: „Nein." Denn nach der Vogel-Strauß-Politik den Kopf in den Sand zu stecken, einfach so weiterzumachen wie bisher und sich hinter

Regeln zu verstecken, ist sicher keine gute Lösung. Auch wenn der ein oder andere vielleicht hofft, dass er oder sie die Herausforderungen der Digitalisierung aussitzen kann. Mit dieser Denkweise wird es keinen langfristigen Unternehmenserfolg geben.

Wie lässt sich nun Veränderung in Organisationen gut gestalten, wie wird es gelingen? Gestalten und Gelingen sind hierbei zwei wichtige Komponenten. Denn dabei spielt der Sinn bei dem, was wir tun, eine große Rolle. Es ist bekannt, dass Motivation eng verbunden damit ist, dass der Betreffende das Gefühl hat, einen Beitrag zum großen Ganzen zu leisten. Dies hat wiederum zur Folge, dass die Menschen gerne zur Arbeit gehen. Es geht weg vom „Broterwerb" hin zum „Sinnerwerb".

Die acht Lektionen von Kotter oder: Wie Pinguine ein neues Zuhause finden

In seinem Bestseller „Das Pinguin-Prinzip" beschreibt der Change-Guru John Kotter die Schritte der Veränderungen anhand einer Fabel. Die humorvolle Geschichte erzählt von einer Pinguin-Kolonie, deren Eisberg schmilzt (alternativ zur Fabel können wir Ihnen auch das Buch „Leading Change" von Kotter empfehlen). Und so beginnt die Reise ins Ungewisse:

1. Es ist dringend – wirklich dringend!

Obwohl – unterhalb der Wasseroberfläche – erste Anzeichen zu erkennen sind, dass der Eisberg schmilzt, wollen viele Pinguine dies nicht wahrhaben. Sie sagen: „Diesen Eisberg gibt es schon so lange und er wird niemals schmelzen."

Unternehmensbeispiele wie Nokia, Kodak, AEG oder Grundig beschreiben das ähnlich. In dieser Phase braucht es ein Gefühl der Dringlichkeit bzw. ein Problembewusstsein. Denn solange kein Problem erkannt ist, halten die Pinguine an ihren bisherigen Überzeugungen fest und sehen keinen Grund, etwas zu verändern. Wir Menschen wollen ein „Wozu". Dies zu vermitteln, ist zu dieser Phase die Aufgabe des Führungsteams.

Handlungsempfehlung: Stellen Sie stichhaltige Zahlen und Fakten zusammen. Formulieren Sie nachvollziehbare Überlegungen und Rückschlüsse. Zeigen Sie Trends, Marktentwicklungen und Risiken auf. Nutzen Sie die Chancen, bevor jemand anderes dies tut. Nutzen Sie Ihre Fähigkeit, komplexe Themen einfach darzustellen, um die Veränderungsbereitschaft zu aktivieren. Zeigen Sie die Zusammenhänge klar und verständlich mithilfe von visualisierten Inhalten wie Bildern oder Grafiken, Metaphern, Fabeln (wie diese) oder Modellen auf. Kommunizieren Sie offen mit den Beteiligten, auch wenn zu Beginn die

Vorbehalte groß sind und sich Panik breitmacht. Adressieren Sie mögliche Ängste der MitarbeiterInnen. Es ist besser, offen und ehrlich auf die Menschen zuzugehen, als die Beteiligten im Ungewissen zu lassen. Abenteuerliche Gerüchte und energiefressender Flurfunk sind die Folge.

2. Ein Spitzenteam ist gefordert!
Nachdem in einer Vollversammlung verkündet wurde, dass der Eisberg schmilzt, wurde klar, dass es ein fähiges und starkes Team braucht, um das Problem zu lösen. Während Mr. NoNo noch eifrig das Problem leugnet, stellt sich das Pinguin-Oberhaupt Louis ein bunt gemischtes Team mit vielfältigen Kompetenzen zusammen.

Die einberufenen Teammitglieder konnten vermutlich unterschiedlicher nicht sein: „voll" interdisziplinär – und genau das war es, was Louis, das Pinguin-Oberhaupt wollte. Mit einer einzigen Frage schaffte er es, dass sich die einzelnen Mitglieder bewusst darüber wurden, dass sie diese Aufgabe nicht allein lösen konnten, sondern nur als zusammengeschweißtes Spitzenteam. Und diese Teamfindung förderte er mit einem gemeinsamen Fischfang und Gesprächen, die um ihre Familien, Hoffnungen und Träume kreisten.

Handlungsempfehlung: Laden Sie die MitarbeiterInnen ein, sich an der Transformation zu beteiligen – und zwar alle MitarbeiterInnen, nicht nur die immer gleichen Personen. Bilden Sie interdisziplinäre Teams. Bieten Sie zusätzlich moderierte und strukturierte Großgruppenveranstaltungen an, dann haben die MitarbeiterInnen die Möglichkeit, sich einzubringen, und es entsteht das Gefühl, mitbestimmen zu können.

3. We have a dream – gemeinsam eine Vision entwickeln und klare Entscheidungen treffen
Das Team diskutierte viele Ideen und Lösungsmöglichkeiten durch. Doch mit ihren bisherigen Denkweisen kamen sie nicht weiter und ihnen wurde bewusst, dass für die Lösung etwas ganz Neues ausprobiert werden musste. Und so geschah es, dass sie neugierig und mit offenen Augen und Ohren in Richtung Westen marschierten.

So lernten sie eine Seemöwe kennen, die ihnen von der Art und Weise erzählt, wie Seemöwen leben. Davon inspiriert, begannen sie neue mögliche Lebensformen in Betracht zu ziehen. Es wurde stundenlang diskutiert: aber, wenn ..., nein das geht nicht, weil ..., ja aber ..., wieso nicht ... usw. Die einen wollten rasch vorankommen, die anderen erst gründlich recherchieren und nachdenken. Kommt Ihnen das bekannt vor?

Während die Pinguine die Seemöwe befragten, entwickelte sich im Team eine Vision. Die Vorstellung, sich immer wieder einen neuen Ort zu suchen, nahm Gestalt an. Zu akzeptieren, dass schmelzende Eisberge weder aufgehalten noch „geflickt" werden können, war ein wichtiger Schritt. Und so entstand eine konkrete Zielvorstellung für ihren neuen Lebensraum – eine Nomadenkolonie, frei und ohne festes Zuhause.

Handlungsempfehlung: Nutzen Sie die kollektive Intelligenz und entwickeln Sie gemeinsam eine Veränderungsvision. Hier ist Kreativität gefordert: Alle Ideen sind wichtig, richtig und mehr als erwünscht. Kopfstand- und Querdenken sollte gefördert werden.

4. Sorgen Sie für Verständnis und Akzeptanz

Als die Zielvorstellung klar war, bestand die nächste Aufgabe darin, die Pinguin-Kolonie davon in Kenntnis zu setzen. Dies war eine ziemliche Herausforderung, wenn man bedenkt, dass die Pinguine bisher noch nie umziehen mussten. Der Ober-Pinguin überlegte sich genau, wie er seine Kolonie überzeugen wollte.

Er erzählte nicht sofort von der Nomadenkolonie, sondern holte seine Zuhörer an einem ganz anderen Punkt ab. Er machte bewusst, was die gemeinsamen Werte der Kolonie ausmachte. Und dann stellt er die Frage: „Und sagt mir ... sind diese gemeinsamen Werte, die uns zu dem machen, wer wir sind, an ein großes Stück Eis geknüpft?"

Die Antwort können Sie sich bestimmt denken. Und dann ließ Louis ein Teammitglied von der Seemöwe erzählen, dass sie ein Kundschafter ist und das Gebiet nach einem geeigneten Ort absucht, wo die Kolonie als Nächstes leben könnte. Und er berichtete von der Freiheit, die sie als Seemöwe hat, dass sie hinziehen kann, wohin sie will. Die Pinguine schnatterten lange, einige erkannten ziemlich schnell die Vision und andere konnten sich gar keine Seemöwe vorstellen. Die Versammlung endete mit dem Statement von Louis, dem Ober-Pinguin: „Dieser Eisberg bestimmt nicht, wer wir sind. Er ist lediglich der Ort, an dem wir derzeit leben ..."

Zu diesem Zeitpunkt gab es natürlich noch Zweifler, einige waren ziemlich verwirrt und andere mussten das Ganze erst einmal verdauen. Jetzt kam die Aufgabe, das Bewusstsein für die Vision zu stärken. Mit einem Slogan und Postern – über und unter Wasser – drehten sich die Gespräche um die anstehende Veränderung – und die neue Vision kam immer mehr bei den Pinguinen an.

Handlungsempfehlung: Informieren Sie Ihre MitarbeiterInnen von Anfang an, und zwar lückenlos und zeitnah. Halten Sie keine Informationen zurück. Fördern Sie den Dialog und nutzen Sie die sogenannte „One-Way-Kommunikation" (der tägliche Vorstandsblog oder aktuelle Videobotschaften) nur in Kombination mit Dialogveranstaltungen (Großgruppenveranstaltungen, Off-Site-Meetings, Kaminrunden etc.). Nehmen Sie sich als Führungskraft Zeit für persönliche Gespräche mit Ihren MitarbeiterInnen. Hören Sie zu und nehmen Sie die Bedürfnisse ernst. So entsteht Vertrauen.

- Was braucht ihr?
- Welche Einwände gibt es?
- ...?

5. Räumen Sie die Hindernisse aus dem Weg und sichern Sie Handlungsfreiräume

Dass bei solchen Veränderungen immer wieder Hindernisse auftauchen und die ein oder andere Euphorie in Ernüchterung umschlägt, ist Teil des Prozesses.

Dies hat sich auch bei den Pinguinen gezeigt. Die „NoNos" versuchten, Panik zu verbreiten, andere zeigten seltsame Verhaltensweisen. Doch das größte Hindernis war die seit Generationen bestehende Tradition, dass Pinguine ihre Nahrung nur mit ihren eigenen Kindern teilten, nicht mit anderen Erwachsenen. Die Kundschafter konnten also keine Nahrung sammeln, solange sie im Dienst der Vision unterwegs waren. Und sie waren richtig hungrig, wenn sie von ihren Aufträgen zurückkamen.

Ungewöhnliche Situationen brauchen kreative Ideen. Und so geschah es, dass die Kundschafter nach ihrer Rückkehr – müde und hungrig – als Helden gefeiert wurden. Und das Wichtigste: Die zurückgebliebenen Pinguine hatten zuvor als Eintrittsgeld zur Heldenehrung mit je zwei Fischen bezahlt. Somit war genug Nahrung für die hungrigen Helden da. Es war eine grandiose Heldenfeier mit Spaß und Spiel für alle Beteiligten. Gleichzeitig hatten alle Pinguine das Gefühl, einen Beitrag zum Gelingen der neuen Vision geleistet zu haben.

Handlungsempfehlung: Ihre Aufgabe ist es, die Hindernisse, die sich zeigen, aus dem Weg zu räumen und mutig nach „oben" zu eskalieren.

6. Quick Wins sind wichtig und erzeugen Follower

Die Heldenehrung trug dazu bei, dass sich immer wieder neue Kundschafter meldeten. Und es wurde sogar mit der Zeit eine Selbstverständlichkeit, für die Kundschafter auf Fischfang zu gehen. So trugen alle zum Erfolg des Wandels bei.

Die positiven Berichte über die vielversprechenden Möglichkeiten auf anderen Eisbergen ließ die Skeptiker verstummen. Berechtigte Vorbehalte wurden geprüft. Der Umzug verlief zwar an der ein oder anderen Stelle chaotisch. Doch am Ende schafften es alle Pinguine. Die Besorgten wurden getröstet und für auftauchende Probleme entwickelten sie gemeinsam kreative Lösungen.

Handlungsempfehlung: Denken Sie von Anfang an daran, regelmäßig über bereits erreichte Erfolge zu sprechen. Sprechen Sie auch über Dinge, die nicht geglückt sind, denn Scheitern gehört dazu. Warten Sie nicht, bis sich der ganz große Erfolg einstellt, sondern würdigen Sie jede Hürde, jedes Erfolgserlebnis und lassen Sie einfach hin- und wieder die „Korken knallen" oder spendieren Sie Kuchen, Eis oder Weißwürste/ Veggieburger für alle.

7. Bleiben Sie dran!

Wer jetzt vermutet, dass die Pinguin-Kolonie nach dem ersten Umzug auf dem neuen Eisberg blieb, täuscht sich. Im folgenden Jahr fanden die Tiere einen noch besseren Eisberg. Sie fielen nicht in die „Bequemlichkeitsfalle", sondern zogen weiter, um ihren Lebensraum auszubauen. Der zweite Umzug gestaltete sich schon weniger „traumatisch".

Sich auf dem Erreichten auszuruhen, wäre zwar verlockend. Doch damit wäre das alte Muster schnell wieder aktiv geworden. Die Erfolge zu feiern und zu würdigen, ist genauso wichtig, wie am Ball zu bleiben, um neue Räume zu entdecken.

Handlungsempfehlung: Machen Sie es wie die Lean-ManagerInnen mit dem bekannten KVP-Prozess. Nehmen Sie sich immer wieder Zeit zur Reflexion und bleiben Sie dran. Denn Sie wissen ja: Nichts ist so beständig wie der Wandel. Und der vollzieht sich in Zeiten von Disruption von heute auf morgen. Je mehr Veränderungskompetenzen Sie in Ihrer Organisation entwickeln, desto schneller können Sie auf Marktanforderungen reagieren.

8. Lassen Sie es zur Routine werden!

Die Pinguine veränderten ihre Denkweisen. Ihre innere Haltung entwickelte sich hin zu einer aktiven Veränderungskultur. In der Schule wurde sogar das Fach „Kundschafter" aufgenommen. Die Auswahl der Kundschafter wurde nach einem strengen Verfahren durchgeführt und sie gewannen an Ansehen bei ihren Mit-Pinguinen.

Es gab noch viele andere kleine und große Veränderungen, die sich vor dem Umzug keiner hätte vorstellen können. Ohne eine Bewusstseinsänderung hätten die Pinguine diesen Wandel wohl kaum geschafft. Denn die innere Haltung steuert unser Verhalten. Transformation und Neues-Denken-Lernen wird zukünftig zur Routine gehören, im Sinne von: Eine Veränderung löst die nächste ab. Erst wenn das Neue selbstverständlich geworden ist, ist es auch in der Organisation verankert.

Wir hoffen, dass Ihnen diese Fabel auf leicht verständliche Weise die Dynamiken in Veränderungsprozessen vermittelt hat. Parallelen zu den „NoNo's" dieser Welt sind in den Unternehmen ebenso „rein zufällig" wie die Charaktere der beteiligten Pinguine.

Jetzt liegt es an jedem Einzelnen, seine Veränderungsenergie zu aktivieren. Ob der neue Lebensraum nun der Eisberg ist, agile Teams, die selbstorganisiert lernen und arbeiten, Future Workplaces oder kollaborative Arbeitsweisen mit einer neuen Führungskultur, kommt auf die Organisation mit ihren Herausforderungen an. Klar ist: Eine „Ich-sitz-das-aus-Mentalität" muss systematisch aussortiert werden und hat in der Transformation keinen Platz.

1.5.2 Theorie vs. Machen

Es gibt unzählig viele Theorien, Bücher, Filme über gelungene Transformationen, Change-Projekte, Veränderungsvorhaben. Und darin finden Sie auch viele wichtige Impulse, worauf Sie achten und wie Sie vorgehen sollten. Orientieren Sie sich daran, aber versteifen Sie sich nicht auf ein Modell, eine Blaupause, ein Organisationsmodell, eine Veränderungsstrategie. Das wird nicht funktionieren. Viel wichtiger ist es, dass Sie gemeinsam mit Ihren MitarbeiterInnen und deren ganzem Wissen in Iterationen vorgehen. Es ist besser, früh Fehler zu machen und daraus zu lernen, als drei Jahre Veränderungsarbeit in die Tonne zu werfen.

Nichts ist beständiger als der Wandel.

Übrigens: Organisationen verändern sich sowieso jeden Tag, denn ein Unternehmen ist ein lebendiges soziales System. Und es ist so lange lebendig, wie es auf die Dinge, die in der Umwelt (Kunden, Lieferanten, Partner, Menschen, Politik etc.) passieren, reagiert. Würde es sich nicht verändern, dann wäre es tot. So passen sich Teams ganz zwanglos laufend an neue Kunden- und Marktanforderungen oder andere äußere Faktoren an. Offiziell durch starre Regeln ausgebremst, entwickeln sie eine informelle Struktur und flexible Lösungen, von denen manche Change-Manager nur träumen (siehe auch Schattenorganisation, S. 75 ff.). Aus dieser Perspektive betrachtet, befindet sich jedes Unternehmen in einem kontinuierlichen Change.

2 Die Organisation verstehen

In diesem Kapitel betrachten wir Unternehmen aus einer übergeordneten Perspektive. Jede Organisation ist ein System mit Subsystemen. In diesem System handeln Menschen innerhalb vorgegebener Strukturen. Doch welche Wirkung das System und die strukturellen Gegebenheiten auf den Einzelnen haben, bleibt verborgen. Solange wir diese „systemtheoretische" Sicht außer Acht lassen, wird an einzelnen Symptomen „herumgedoktert". Deshalb denken Sie auf der Organisationsebene und nicht nur auf der Personenebene.

Ein einfaches **Beispiel** dazu aus der Praxis: **Teamkonflikt**. Welche Einflüsse auf ein Team gibt es, die Konflikte auslösen? Stellen Sie sich beispielsweise vor, es gibt eine neue strategische Ausrichtung und die MitarbeiterInnen fühlen sich deshalb unter Druck. Oder es gibt neue Zielvorgaben, welche die MitarbeiterInnen verunsichern und überfordern. Oder in Ihrem Unternehmen setzt starkes Wachstum ein, was zu Konflikten mit den Schnittstellen und Prozessen führt. Ein Teamcoaching wird die Menschen sicherlich unterstützen. Noch hilfreicher wird es sein, Strukturen zu gestalten, die den neuen Anforderungen gerecht werden und das Team entlasten, sodass es sich ganz auf die eigentlichen Aufgaben konzentrieren kann. Ein Teamworkshop oder Konfliktmanagementseminar alleine wird lediglich die Symptome lindern. Eine Kombination ist absolut wünschenswert.

Meistens sind nicht die Menschen das Problem, sondern die mentalen Modelle. Hier besteht Entwicklungsbedarf in Bezug auf Menschenbilder, mechanistische Weltbilder (Denken aus dem Industriezeitalter „funktionieren wie das berühmte Zahnrädchen im Getriebe", siehe auch „Organisationsbilder", S. 70 f.), hinderliche organisationale Glaubenssätze und Logiken.

2.1 Die blaue und die rote Welt

Die blaue Welt

Wir kommen aus der Welt der Verkäufermärkte. Der Wettbewerb war früher deutlich geringer, als wir es heute erleben. „Alles" zu standardisieren funktionierte meistens gut und brachte den Unternehmen deutliche Mehrwerte. Regeln und Prozesse sorgten für Sicherheit und wenige Überraschungen. Wir sprechen von der **blauen, komplizierten Welt**, die geprägt ist vom **Ursache-Wirkungs-Prinzip**. Also: Wenn X passiert, dann machen wir Y. Mit diesem Wissen werden komplizierte Prozesse beherrscht. Fehlt Wissen, kann Chaos entstehen.

Beispiel: Sie kaufen sich eine Waschmaschine und wissen nicht, **wie** diese funktioniert. Also besorgen Sie sich eine Bedienungsanleitung (Zukauf von Wissen und Lernen). Wenn Sie dann gelernt haben, wie die Waschmaschine funktioniert, fällt es plötzlich ganz leicht, diese zu bedienen. Die blaue Welt beschäftigt sich also mit der Frage: **Wie geht es?** Die Gesamtleistung wird als Summe der Einzelleistungen gesehen. In vielen Unternehmen gibt es „blaue" Anteile, z.B. die Buchhaltung.

> **Blaue Welt:** kompliziert, formal, fixiert, wirkt leblos, Wiederholung, Maschine, Regeln, Prozesse, Standards, push, top-down, Informationsmacht, Weisung und Kontrolle, Verantwortlichkeiten, Bürokratie und Verwaltungsgeist. **Wichtig:** Wie geht's, wie funktioniert es? Die richtige Methode und Disziplin sind gefragt.

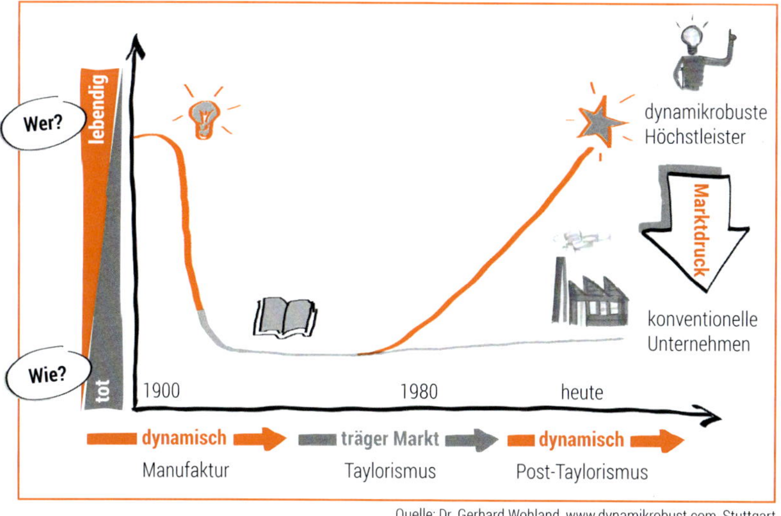

Quelle: Dr. Gerhard Wohland, www.dynamikrobust.com, Stuttgart

Abbildung 8: Die Taylorwanne – das Ab und Auf der Dynamik

Die Grafik auf Seite 55 zeigt den groben historischen Verlauf der Marktdynamik und die jeweils dominierenden Produktionstypen. „Frederic Taylor (US-amerikanischer Ingenieur) durchdachte und gestaltete die einzelnen Arbeitsschritte und legte die Basis für eine weitreichende Spezialisierung der Arbeitsaufgaben (F. Glasl)." So entstand die rational gesteuerte Ablauforganisation (Fertigung, Transportsysteme, Fließbandarbeit) mit ihrer Massenproduktion, später auch Fordismus genannt.

Die rote Welt

Heutzutage prägt eine hohe Dynamik die Märkte. Kundenwünsche ändern sich von heute auf morgen, Marktstrukturen wandeln sich und die Vernetzung nimmt in rasender Geschwindigkeit zu. Die Märkte sind unübersichtlich, wenig beherrschbar und keinesfalls vorhersehbar. Wir leben in einer **roten, komplexen Welt**. Es gibt ständig Herausforderungen und Probleme, die neu und unbekannt sind und für die es noch keine Lösungen gibt. Deshalb steht das Können bzw. das **Wer** im Vordergrund: Wer kann die neue Situation lösen? Wer hat eine gute Idee? Wer kann es schaffen – sei es durch Experimentieren, Ausprobieren oder einem Vorgehen nach Prinzipien? Problemlösungsdenken ist gefragt.

Rote Welt: komplex, dynamisch, lebendig, vital, Mensch, Prinzipien, Könner, pull, temporär, Flow, Dialog, Ideen, Transparenz, Verantwortung.
Wichtig: Wer kann es schaffen? Gefragt sind talentierte Könner mit Ideen.

Den Dynamiken und Problemen der roten Welt versuchen Unternehmen oftmals aus Gewohnheit heraus mit „blauen" Prinzipien zu begegnen. Doch Wissen (zugekauft oder mit Fleiß erlernt), Regeln, noch mehr Pro-

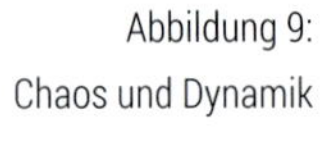
Abbildung 9:
Chaos und Dynamik

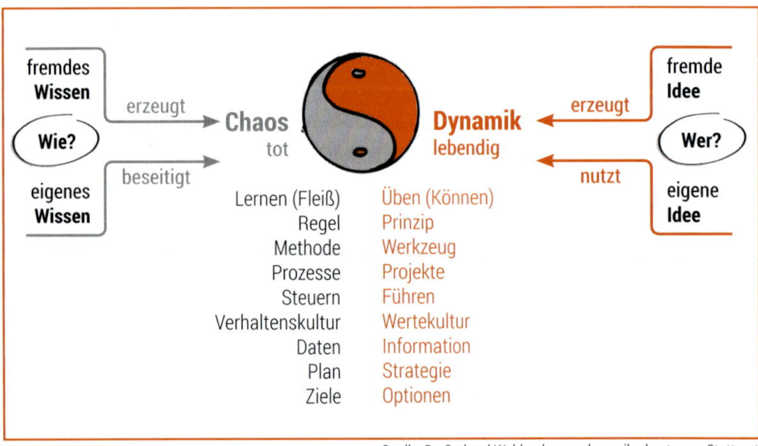

Quelle: Dr. Gerhard Wohland, www.dynamikrobust.com, Stuttgart

zesse, ein Nacheinander-Abarbeiten, formale Hierarchieebenen und lange Entscheidungswege hemmen und behindern den Wertschöpfungsprozess. Starre Planungen, Budgets und Anreizsysteme stehen im Weg. Um die Dynamiken der roten Welt zu bewältigen, benötigen wir Ideen und Kreativität. Diese entstehen mit und von Menschen. Wertschöpfung und Arbeit haben immer beide Anteile: „blau“ und „rot“.

Für weitere Informationen siehe Link-Liste im Download

2.2 Wie sich Organisationen entwickeln

Die Entwicklungsphasen einer Organisation zeigen uns, wie sie grundsätzlich funktioniert, welche Prinzipien vorherrschen und welche Vor- und Nachteile damit verbunden sind. Zu Beginn der Transformation ist es deshalb wichtig zu wissen, in welcher Phase das Unternehmen ist bzw. in welchen Phasen sich die einzelnen Bereiche des Unternehmens befinden.

Abbildung 10: Die vier Entwicklungsphasen einer Organisation*)

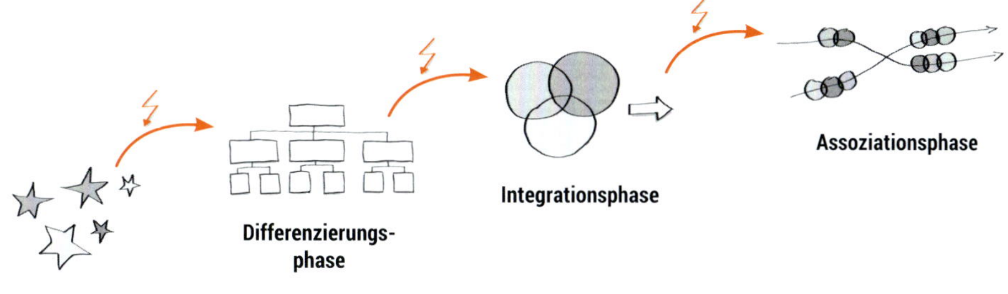

> Die Entwicklung einer Organisation von Phase zu Phase hängt vom „Sich-bewusst-Sein“ und dem Gestaltungswillen der Menschen ab, die Einfluss auf die Organisation haben.

Praktisch alle erfolgreichen Organisationen weltweit durchlaufen diese vier Phasen der Entwicklung (siehe auch Abbildung auf S. 58). Sie beginnen mit einer netzwerkartigen Struktur. Im Mittelpunkt steht der Gründer, der Pionier. Alles Handeln ist darauf ausgelegt, Chancen zu nutzen, Risiken einzugehen und einer Idee zu folgen, mit der sich alle Beteiligten identifizieren. Die Organisation ist schnell, flexibel und stark auf den

*) Anmerkung: 1974 erschien Bernard Lievegoeds Buch „Organisationen im Wandel“ in deutscher Übersetzung. Die Aktualität des Entwicklungsgedankens Lievegoeds mit Blick auf moderne „systemisch-evolutionäre Organisationstheorien“ und Reinventing Organizations (Laloux 2014) ist nach wie vor noch genauso richtungsweisend (vgl. Glasl, Dynamische Unternehmensentwicklung).

	Pionierphase	Differenzierungs-phase	Integrations-phase	Assoziations-phase
Organisations-form	Impulsieren einer informalen Gemeinschaft/ „Großfamilie" – verschworene (Aktions-) Gemeinschaft	Aufbau eines steuerbaren Apparats – geregelt, organisiert, geplant	Entwicklung eines ganzheitlichen lebendigen Organismus	Assoziative Vernetzung mit vielen Umwelten/ Außenbeziehungen – Glied im Unternehmens-Biotop
Charakte-ristikum	Kraft	Rationalität	Organismus	Intensive Beziehungen zu anderen Organisationen
Motto	„Alles für unsere Kunden!"	„Wir verkaufen dem Kunden das, was wir gut können!"	„Wir schaffen Kundennutzen!"	„Wir sind in einer Schicksalsgemeinschaft."
Risiken	fehlende Transparenz, Steuerbarkeit und Planung, personenabhängig	rigides Abgrenzen, überreguliert, Sinn, Zusammenhalt, Menschlichkeit gehen verloren	vernachlässigte Umwelt und Stakeholder	Machtnetzwerke werden gebildet

Abbildung 11: Überblick – die vier Entwicklungsphasen

Kunden ausgerichtet. Manchmal fühlt es sich wie eine verschworene Gemeinschaft an, die einer temperamentvollen Großfamilie gleicht. Wächst das Unternehmen, verändert es sich zu einem Apparat, der hierarchisch aufgebaut ist. Mit den bekannten Management-Prozessen liefert diese Organisation ziemlich zuverlässig und effizient Wochen-, Quartals- und Jahresergebnisse. Mit der Integrationsphase entwickelt sich ein ganzheitlicher Organismus und in der Assoziationsphase geht es um die Vernetzung mit anderen Organisationen. Jede einzelne Phase ist für die gesunde und erfolgreiche Entwicklung des Unternehmens wichtig, auch die Phase der Differenzierung, die heute oftmals als Überbleibsel der Vergangenheit verspottet wird. Einzelne Phasen können nicht übersprungen werden, auch wenn dies immer wieder versucht wird.

Für die Eiligen: Ein Erklärvideo (YouTube) von Glasl/ Lievegoed beschreibt in zwei Minuten die Phasen mit den wichtigsten Merkmalen. Siehe Link-Liste im Download

Schauen wir uns die Phasen etwas näher an, vielleicht finden Sie Ihr Unternehmen oder einzelne Bereiche wieder und erkennen, was die nächsten Schritte der Entwicklung sind.

Die Pionierphase

Das Unternehmen wird von der Idee und der Persönlichkeit der/des Unternehmensgründer/s geprägt. Es herrscht Aufbruchsstimmung, das ganze Unternehmen wird von der Kraft der Idee getragen. Die Führungskräfte und MitarbeiterInnen identifizieren sich mit dem/den Pionier/en und sehen ihn/sie als Vorbild. Die Pionierphase zeichnet sich durch persönliche Beziehungen und oftmals auch ein warmherziges Betriebsklima aus, die MitarbeiterInnen fühlen sich zugehörig wie bei einer großen Familie. Der bzw. die Unternehmensgründer führen mit ihrer Persönlichkeit, charismatisch, manchmal auch patriarchalisch. Sie erledigen vieles noch selbst. Der/die Gründer spielen eine zentrale Rolle, ohne sie würde das Unternehmen in sich zusammenfallen.

Besondere Merkmale der Pionierphase

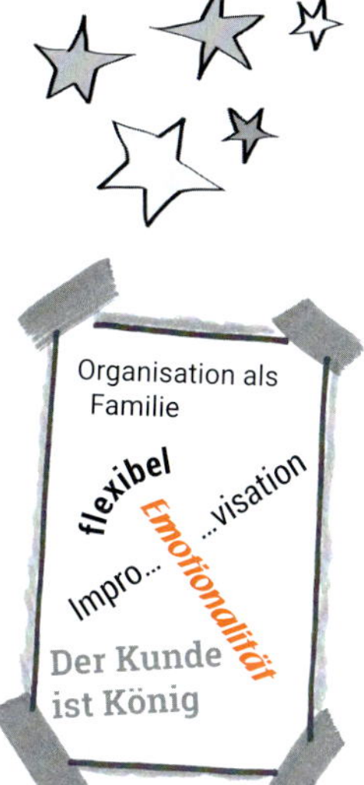

- Es wird wenig geplant und viel improvisiert – flexibel und effizient.
- Der Kunde steht im Denken und Handeln immer im Mittelpunkt.
- Jeder kennt jeden! Es werden intensive, direkte und spontane Kontakte zum Kunden und zu den MitarbeiterInnen gepflegt.
- Die MitarbeiterInnen erleben den „Pionier" als Vorbild und identifizieren sich mit ihm.
- Es wird von der großen Familie gesprochen, eine verschworene Gemeinschaft, die mit unglaublich hoher Energie das „große Ganze" voranbringt.

Es gibt kein Organigramm und kaum Struktur. Oft wird spielerisch-intuitiv gearbeitet und an vielen Stellen improvisiert. Dadurch ist das Unternehmen sehr flexibel. Sonderwünsche werden erfüllt, der Kunde ist König und die MitarbeiterInnen tun alles für den Kunden, koste es, was es wolle. Diesen Unternehmensgeist spüren wir sehr häufig, wenn wir junge IT-Unternehmen begleiten. Oftmals wird mittags gemeinsam gekocht oder es gibt einen Koch/eine Köchin, die für das leibliche Wohl der „Familie" sorgt.

Auch die schönste Phase geht einmal zu Ende, nämlich dann, wenn Wachstum einsetzt und die Flexibilität zum „Ad-hoc-ratismus" verkommt oder Kapitalmangel eine vorausschauende Planung erfordert. Das Unternehmen wird unübersichtlich, die vorher engen Beziehungen zu den KollegInnen lösen sich auf, denn fachlich kann nicht mehr in allen Bereichen mitgeredet werden, wie das am Anfang der Fall war. Auch die MitarbeiterInnen emanzipieren sich mit steigender Erfahrung und wollen sich weiterentwickeln, vielleicht erste Führungs- oder Projektleiteraufgaben übernehmen.

Krisensignale sind deutlich spürbar, wenn Übersicht und Transparenz verloren gehen. Oft wird mehr vom selben getan, statt neue Wege zu gehen. Die Denkweise „So sind wir erfolgreich geworden, warum sollen wir jetzt etwas verändern?" behindert den Übergang in die nächste Phase.

Typische Krisenerscheinungen zum Ende der Pionierphase

- Entscheidungen werden aufgeschoben, die Auswirkungen falscher, intuitiver Entscheidungen zeigen sich. Der Überblick geht verloren.
- Die direkte Führung ist unwirksam, die Organisation kann nicht mehr alleine durch die Kraft der Pioniere zusammengehalten werden. Das Charisma des „Pioniers" geht verloren.
- Die Frage „Wer ist wofür zuständig?" taucht immer häufiger auf.
- Den „Pionieren" bleiben Konflikte und Reibungen verborgen, sie sind oftmals zu weit von ihren MitarbeiterInnen weg. Machtkämpfe, Willkür und/oder Chaos breiten sich aus.
- Von den MitarbeiterInnen werden mehr Handlungsspielraum und Entscheidungskompetenzen eingefordert.

Der Übergang von der Pionier- zur Differenzierungsphase ist für die Unternehmensgründer häufig schmerzhaft. Sie haben das Gefühl, dass dies nicht mehr ihr Unternehmen ist und halten deshalb oft zu lange an der „guten alten Welt", am eigenen „Baby" fest. Spätestens jetzt heißt es: loslassen, differenzieren und eine klare logische Struktur schaffen.

Die Differenzierungsphase

In dieser Phase geht es darum, Klarheit und Steuerbarkeit zu schaffen, Prozesse zu vereinheitlichen, Transparenz für die Abläufe aufzubauen und vielleicht auch ein Projektmanagement einzuführen. Weg von der Großfamilie hin zu einem funktionierenden rationalen Apparat. Das Organisationsdesign wird festgelegt, meist in Form von Organigrammen, Aufgaben- und Stellenbeschreibungen. Es geht ans Aufräumen von Chaos, eingeschlichener Willkür und Unberechenbarkeit. Die MitarbeiterInnen spezialisieren sich in bestimmten Bereichen, Beurteilungsgespräche und Mitarbeitergespräche werden formalisiert. Es entstehen Führungsebenen, die Nähe zu dem/den Gründer/n geht verloren.

Besondere Merkmale der Differenzierungsphase

- Das Unternehmen wird in Funktionen, unterschiedliche Führungsebenen und deutlich voneinander abgetrennte Arbeitsphasen aufgeteilt. Stabsstellen stehen neben Linienfunktionen.

- Standards und Prozesse stehen im Vordergrund, um den internen Apparat zu steuern und die Effizienz zu erhöhen.
- Der interne Fokus ist hoch, Organigramme, Stellenbeschreibungen, Organisationshandbücher und Formulare werden erstellt.
- In den Abteilungen finden sich mehr Spezialisten als Generalisten. Oftmals etabliert sich auch eine formell-autokratische Führung mit entsprechender Positionsmacht. Also mehr anweisend-kontrollierend („command & control") als partizipativ und inspirativ.
- Fokus auf lukrative Märkte.
- Die aus der Pionierphase auseinanderstrebenden Kräfte werden durch Koordination zusammengehalten.
- Die Aufmerksamkeit richtet sich mehr auf die Steuerung der internen Struktur.

Das prozessorientierte Denken hilft in der Differenzierungsphase, sich darauf zu fokussieren, wo im Prozess Optimierungsbedarf besteht. So kann eine konstruktive Fehlerkultur entstehen. Weg von „Wir suchen den Schuldigen" hin zu „Wie lösen wir das Problem?". Das erleben wir in unserer Beraterpraxis allerdings oft noch ganz anders.

Die Phase des Differenzierens setzt auf Ordnung, Planung und Wissen anstelle von Improvisation und Erfahrung. Es besteht die Gefahr der strukturellen Überforderung, die Organisation wird als technisches System verstanden. Prozesse, Strukturen, Regeln und Standards bestimmen den Alltag. Planung und Kontrolle stehen im Fokus. Oftmals hält auch der Verwaltungsgeist Einzug, Entscheidungen dauern ewig, der Kunde und der Markt werden aus den Augen verloren. Die Organisation kreist um sich selbst.

Krisensignale sind erkennbar, wenn es zum Erstarren kommt und vor lauter Regeln nicht gehandelt wird. Stabsstellen nehmen überhand. Mit Silodenken oder Abteilungsegoismus und internen Verrechnungseskapaden wird das Gesamtunternehmen aus dem Blick verloren. Der Verwaltungsgeist ist eingezogen.

Typische Krisenerscheinungen

- Abteilungsdenken durch zunehmende Spezialisierung, der Blick fürs Ganze geht verloren, es werden Parallelorganisationen, z.B. Ausschüsse, Stabsstellen, gebildet.
- Das Gemeinsame und Menschliche geht verloren.
- „Fürstentümer" mit eigenen Zielen und Normen entstehen.

- Da die Zusammenhänge immer schwerer erkannt und die Folgen nicht mehr abgeschätzt werden können, wird die Verantwortung an die Spitze geschoben. Dies führt in der Regel zu deren Überlastung.
- Die Führungsspitze sitzt im „Elfenbeinturm" und weiß nicht mehr, was an der Basis passiert.
- Es entstehen Motivationsprobleme durch geringe Handlungs- und Entscheidungsspielräume, Ziele und Sinn sind schwer zu erkennen.
- Der Kontakt zur Umwelt (Markt, Kunde, Mitbewerber) geht verloren.
- Der hierarchisch reglementierte Informationsfluss stockt.
- Die Kosten der funktionalen Differenzierung überwiegen deren Nutzen.
- Innovationskraft, Schnelligkeit und Beweglichkeit fehlen.

Jetzt heißt es, sich wieder auf die Wertschöpfung zu fokussieren sowie den Markt und Kunden in den Mittelpunkt zu stellen.

Spannungsfelder

Spannungsfelder gibt es in jeder Organisation, z. B. Flexibilität vs. Ordnung. In den verschiedenen Entwicklungsphasen zeigen sich Spannungsfelder in den jeweils gegenüberliegenden Polen. Die Integrationsphase vereint die unterschiedlichen Polen der ersten beiden Phasen und geht in ein dynamisches Gleichgewicht über.

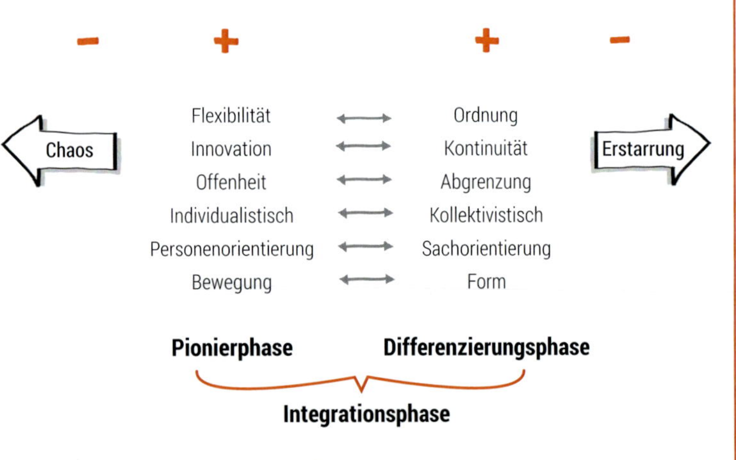

Abbildung 12: Typische Spannungsfelder in Organisationen

Die Integrationsphase

Diese Phase ist geprägt von der flexiblen Ordnung, in der es darum geht, aus den vielen Teilen wieder ein Ganzes zu schaffen. Die Führung der Organisation erfolgt über Beziehungen und Leitbilder. Die Intuition verbindet sich mit der rationalen Logik. Teamarbeit und Selbstorganisation werden präferiert. Eine gemeinsam getragene Vision gibt dem Unternehmen Energie, um in die gute Zukunft zu gehen. Eigenverantwortung, Freiheit und Können der Menschen sind wichtig. Situatives und transformationales Führen sind die gewünschten Führungsstile, um die Potenziale in der Organisation zu entfalten.

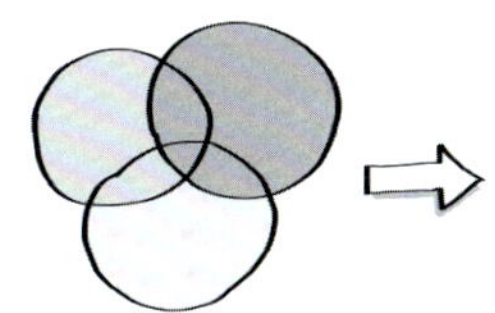

Besondere Merkmale der Integrationsphase

- Ausrichtung auf Kunden und Märkte, die Wertschöpfungsprozesse sind konsequent darauf ausgerichtet.
- Neues Führungsverständnis. Nicht die direkte Steuerung, sondern die Gestaltung förderlicher Rahmenbedingungen stehen im Vordergrund.
- Es ist wichtig, sich um die menschlichen Bedürfnisse zu kümmern und die Menschen in Entscheidungen einzubinden.
- Die Aufgabenorientierung nimmt wieder zu, die starre Funktionsteilung ab. Verstärkt Selbst- statt Fremdkontrolle. Es wird versucht, die Organisation in selbstständige Einheiten mit eigener Zielsetzung zu gliedern.
- Offene Kommunikation des Unternehmenskonzeptes, die es den MitarbeiterInnen und Einheiten ermöglicht, Transparenz und Sinnstiftung zu erleben.
- Das Unternehmen ist auf ein gemeinsames Ziel ausgerichtet und Mitunternehmertum wird gefördert.
- Potenzialentfaltung der Menschen und der Organisation. Gezielte Entwicklungsmaßnahmen.

Das Unternehmen gliedert sich in überschaubare Einheiten. Abteilungsdenken wird überwunden und kunden- und marktorientiertes Denken tritt wieder mehr in den Vordergrund – Customer Centricity heißt eines der Zauberworte. Neben den fachlichen Expertisen werden die sozialen und persönlichen Kompetenzen immer wichtiger. Damit ist gemeint, die Energie und das Miteinander aus der Pionierphase wieder im Unternehmen zu spüren. Ganz oft taucht der Wunsch auf, die Lebendigkeit aus der Start-up-Phase wiederzubeleben. In dieser Phase geht es darum, das Prozessbewusstsein aus der Differenzierungsphase mit einem selbstverantwortlichen Handeln zu verknüpfen, also die Qualitäten aus der ersten und die guten Früchte aus der zweiten Phase zu retten. So werden zentrale Stabsstellen beispielsweise zu Dienstleistern im eigenen

Unternehmen, die beraten und unterstützen. Ein intelligenter Informationsservice unterstützt die MitarbeiterInnen beim Erreichen ihrer Ziele und sorgt für ein größeres Verantwortungsbewusstsein.

In der Integrationsphase wird das Unternehmen zum lebendigen Organismus. Das Leitmotiv dieser Entwicklungsphase ist es, Situationen und Bedingungen zu schaffen, in denen es dem Einzelnen und Gruppen möglich ist, selbstständig und intelligent im Sinne eines größeren Ganzen zu handeln. Teamleistung und interdisziplinäre Zusammenarbeit zählen. Das Menschenbild basiert darauf, dass sich Menschen entwickeln wollen und können. Mit dem Fokus auf Ziel- und Kundenorientierung, einem Prozessdenken und dem Fördern der Selbstorganisation wird die unternehmerische Mitverantwortung der MitarbeiterInnen unterstützt. Es geht darum, den unternehmerischen Funken durch Spielräume und Eigenverantwortung zu entzünden.

Der sogenannte „Elfenbeinturm" wird aufgelöst. Die Führung versteht sich als Team, unternehmenspolitische und strategische Themen werden miteinander besprochen und geklärt, Entscheidungen nach dem Konsultationsprinzip getroffen. Es entsteht eine offene und flexible Zusammenarbeit, die Partizipation, Mitverantwortung und unternehmerisches Denken fördert. Dies bedeutet nicht, dass alle Entscheidungen nur noch gemeinsam getroffen werden. In Zeiten der Selbstorganisation werden die Entscheidungen dort getroffen, wo sie anfallen. Die Integrationsphase ist von einem neuen Führungsverständnis geprägt. Wir erleben es häufig, dass Führungskräfte das Unternehmen in der Integrationsphase sehen. Die MitarbeiterInnen empfinden das oftmals noch ganz anders.

Und auch diese Phase kann zu Ende gehen, wenn Krisenerscheinungen auftreten. Dann steht der nächste Entwicklungsschritt für die Organisation an.

Typische Krisenerscheinungen

- Durch kollektiven Egoismus des Unternehmens entsteht Zentrismus, d.h., wenn Gewinninteressen eindeutig höher priorisiert werden als Umweltinteressen und dies anders nach außen dargestellt wird.
- Die Führungskräfte verlieren sich in Grundsatzgesprächen über die Unternehmenspolitik.
- Durch das ständige Arbeiten an Leitlinien und Zielen entstehen viele Diskussionen über Werte, die sich verselbstständigen und den Sinn des Unternehmens überdecken.

- Es entwickelt sich ein zu starkes Eigenleben der einzelnen autonomen Einheiten, sozusagen als Unternehmen im Unternehmen.
- Es zeichnen sich Rivalitäten zwischen diesen Einheiten ab, die die Synergie der gesamten Organisation gefährden.

Um die Entwicklungskrise zu überwinden, sollten Sie partnerschaftliche Beziehungen zu den Leistungspartnern aufbauen und das gemeinsame „Wohl" anstreben.

Die Assoziationsphase

Aus der Entwicklung der ersten drei Phasen entsteht ein Kulturwandel, der in die Assoziationsphase führt. Das Unternehmen wird zur lernenden Organisation und vernetzt sich mit seinen Umwelten. Es erweitert seine Grenzen und öffnet sich der Umwelt durch Vernetzung und Partnerschaften mit Lieferanten und Kunden. Die MitarbeiterInnen sind gerne im Unternehmen, daher gibt es wenig Fluktuation. Die Gestaltung der Prozesse richtet sich nicht mehr ausschließlich am eigenen Unternehmen aus, sondern bezieht die Umwelten mit ein. Es entwickeln sich intensive langjährige Partnerschaften. Das geht sogar soweit, dass Personal untereinander ausgetauscht wird, ohne dass sich das Unternehmen auflöst. Das Unternehmen ist ein Glied im Biotop, verbunden mit anderen. Bei den Vertriebs- und Verkaufsprozessen werden auch die Endkunden einbezogen. Führung und Organisation gestalten sich ganzheitlich.

Besondere Merkmale der Assoziationsphase

- Das Unternehmen ist eine lernende Organisation.
- Ständige Verbesserung der Produkte und Prozesse sind im Bewusstsein der MitarbeiterInnen und Führungskräfte präsent.
- Personalentwicklung ist die Voraussetzung der lernenden Organisation.
- Das Unternehmen vertraut auf langfristige Kooperationen.
- Das Augenmerk im Management liegt auf durchgängiger Wertschöpfung (von der Rohstoffgewinnung bis zur Entsorgung der Produkte).
- Die Aufmerksamkeit der Geschäftspartner ist mehr in der Außenwelt.
- Mit den Partnern werden Produkte zusammen entwickelt oder mit Lieferanten gemeinsame Strategien ausgearbeitet.

Oftmals geht die Assoziationsphase mit Unwohlsein einher. Der gefühlte Verlust von Kontrolle oder ein Nicht-steuern-Können sind mit unserer Denkweise von einer profitorientierten Arbeitsweise und unserer Wachstumsgesellschaft erst einmal schwer vereinbar. Doch dieser offene Raum, der mit Innehalten und Aushalten einhergeht, ist für Innovation sehr wertvoll und wird oft unterschätzt. Inspiration, Motivation, Ideenreichtum und Vitalität brauchen Rahmenbedingungen, die auch tiefere Quellen nutzen. Es geht nicht nur darum, Herausforderungen zu bewältigen, sondern sich den inneren Stimmen des Widerstands zu stellen. In diesen Widerständen liegt verborgenes Potenzial, das es zu heben gilt.

Unternehmen haben angesichts der globalen Herausforderungen nicht nur eine soziale Verantwortung, sondern ebenso eine ökologische. Durch die Öffnung für verschiedene Umwelten mit neuen Formen von Kooperationen können diese Herausforderungen gemeinsam gemeistert werden. Hier finden sich Prinzipien von Lean Enterprise (schlanke Unternehmen) wieder, wobei die Assoziationsphase nicht direkt der Konzeption des „schlanken Unternehmens" entspricht. Gleichzeitig ist die systemische Denkweise, nicht nur im System, sondern vor allem am System zu arbeiten, in allen vier Entwicklungsphasen wichtig.

In der Assoziationsphase ist es essenziell, Raum für neue Innovationen zu geben. Dies kann wiederum in eine neue Art der Pionierphase führen. Ein Krankenhaus z.B. versteht sich in der Assoziationsphase vernetzt mit Einrichtungen der Prävention, der Rehabilitierung, mit Laboratorien und Ambulanzen und mit den niedergelassenen Ärzten. Das inzwischen sehr bekannte Buch von Frederic Laloux „Reinventing Organizations" zeigt einige Unternehmen auf, die bereits in der Assoziationsphase angekommen sind. Laloux nennt dies die integrale, evolutionäre Organisation.

Eine Zusammenfassung der vier Phasen finden Sie im Download.

Erinnern Sie sich noch an die Tolino-Allianz? Die deutschen Buchhändler Club Bertelsmann, Hugendubel, Thalia und Weltbild gründeten gemeinsam mit der Deutschen Telekom die Tolino-Allianz. Die Deutsche Telekom als Technikpartner war für die gesamte Soft- und Hardware zuständig und auch für die technische Plattform für den E-Book-Vertrieb im Tolino-System. Trotz des Zusammenschlusses für den Vertrieb der Tolino-Lesegeräte stehen die Tolino-Buchhändler weiterhin in Konkurrenz zueinander. Die Motivation zur Gründung der Tolino-Allianz lag darin, eine E-Reading-Lösung für den deutschen Buchhandel anzubieten und das Abwandern der Kunden zur internationalen Konkurrenz (allen voran Amazons Kindle) aufzuhalten.

Typische Krisenerscheinungen

- Vorsicht vor „Wir sind die Größten" und Machtnetzwerken!
- Dominierende Verhaltensweisen, u. a. durch einen starken Druck auf Lieferanten.
- Monopolstellungen durch strategische Allianzen.
- Machtmissbrauch.

Tipp

Als Führungskraft sollten Sie imaginative, inspirative und intuitive Methoden lernen, das zahlt auf den coachiven Führungsstil ein. In der Assoziationsphase ist besonders der coachive und inspirative Führungsstil (siehe S. 128 f.) gefragt.

2.2.1 Nur der Wandel ist stetig

Diese vier Phasen zeigen, dass sich Organisationen in einem ständigen Veränderungsprozess befinden, mit dem Ziel, den Erfolg zu stabilisieren. Das heißt nicht, dass es keine weiteren Phasen gibt, denn „alles ist im Fluss". Daher ist keine dieser Phasen besser oder schlechter. Auch innerhalb eines Unternehmens können einzelne Bereiche, Niederlassungen etc. in ganz unterschiedlichen Phasen sein. Die Krisenerscheinungen zeigen auf, dass es Zeit wird, sich mit der nächsten Phase auseinanderzusetzen. Bei der Transformation ist es also vor allem wichtig, sich klarzumachen, in welcher Phase sich das Unternehmen befindet und was die nächsten sinnvollen Schritte sind.

Was übrigens nicht funktioniert: Phasen zu überspringen. Jede einzelne Phase ist wichtig, um sich als Organisation zu entwickeln. Selbst wenn die Pioniere am liebsten gleich in die Integrationsphase wollen, ist es wichtig, die Differenzierung zu durchlaufen, um Klarheit und Struktur in die Organisation zu bringen sowie die Qualitäten aus der jeweilig vorherigen Phase zu integrieren. Die Phasen gehen ineinander über, auch eine „Regression" ist jederzeit möglich.

Entwicklung verläuft in Phasen

Das Vertraute loszulassen ist mit Unsicherheit verbunden, die sich bei den Phasenübergängen in „blockierenden" Verhaltensweisen zeigt. Die Angst, wo es hingeht, kann einen „Schritt ins Nichts" bedeuten. Und wer

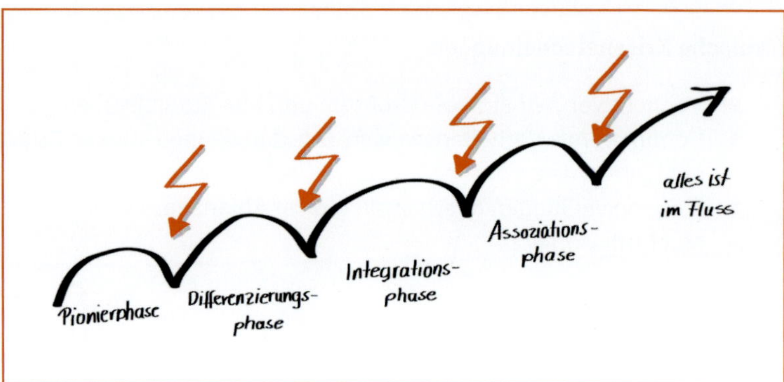

Abbildung 13: Entwicklung verläuft in Phasen

ist dafür schon bereit? Es ist wichtig, die verschiedenen Entwicklungsphasen differenziert zu betrachten. Das Modell der Entwicklungsphasen soll zeigen, dass Reibungen und Konflikte sowohl in und vor allem an den Übergängen zu den nächsten Phasen normal sind. Auch wenn es als anstrengend empfunden wird, gehört dies dazu. Wichtig sind immer wieder angepasste Denk- und Verhaltensweisen, die auf neuen Werten und Grundprinzipien beruhen, damit die Entwicklung des Unternehmens nicht stehen bleibt. Wenn die Veränderungsprozesse gut gelingen, dann vor allem deshalb, weil sich die Führungskräfte am meisten verändern.

Ein evolutionäres Weltbild hilft in der Transformation: Denn alles ist im Fluss und nichts steht.

Allerdings werden immer wieder Schreckensszenarien an die Wand gemalt oder mit Druck und Angst gearbeitet. Doch genau das sind die alten Denk- und Verhaltensmuster, die es loszulassen gilt. So kann Transformation nicht funktionieren. Wenn ich Neues etablieren will, dann mit einer neuen Qualität des Mind-Sets. Wer dies nicht berücksichtigt, übersieht, dass er oder sie in der Vergangenheit in der Regel zu dem Entstehen des alten Systems beigetragen hat. Und deshalb beginnt Veränderung bei jedem selbst.

Der „gefühlt" plötzliche Zeitdruck im Change resultiert aus dem zu langen Verharren in alten Strukturen und der Abwehr der neuen Entwicklung. Gerade in der Integrations- und Assoziationsphase kann nicht mit Verhaltensweisen aus der Vergangenheit, also mit Angstszenarien und Wettbewerbskämpfen, bestimmt werden, dass jetzt selbstorganisiert, kooperativ und über Systemgrenzen hinweg gedacht und gearbeitet werden soll. Dies ist ein Widerspruch in sich. Denn dieses Denken ist ein Überbleibsel aus der Differenzierungsphase, in der mit harten Fakten Wirklichkeiten geschaffen wurden. Wenn sich das nicht verändert, ist das Ergebnis lediglich eine andersartige Differenzierungsphase mit schicken Buzzwords aus der dritten und vierten Phase, aber keine wirkliche Transformation.

Eigenverantwortung von Menschen wird dann gefördert, wenn bereits auf dem Weg dorthin Raum dafür vorhanden ist – und nicht erst am Ende als Ergebnis herauskommt. Schaffen Sie deshalb Gelegenheiten für Lernen und Leistung. Entwickeln Sie gemeinsam Lösungen und lassen Sie die MitarbeiterInnen selbst für eine gute Zukunft denken. Das Konzept der Transformation braucht bereits die Qualitäten, die auch im Zielzustand vorhanden sein sollen. Dies bedeutet, die Menschen nicht nur zu befähigen, sondern auch zu ermächtigen.

Das Wissen um die verschiedenen Phasen wird Ihnen helfen, den Wandel als ständige Aufgabe zu begreifen. Ihre Fähigkeiten, Veränderungsprozesse selbst durchzuführen, werden immer wichtiger. Ihre Aufgabe im Führungsteam ist es, genau diese Kompetenzen zu erwerben, um eine starke veränderungsbereite Führung im Unternehmen zu entwickeln.

2.2.2 Das ganzheitliche Systemkonzept und die sieben Wesenselemente

Ein ganzheitliches Verständnis und Systemdenken sind die Grundlage für die Entwicklung einer Organisation.

„Verstehen wir Organisationen als offene und dynamische Systeme, so bedeutet dies, es gibt Teile oder Elemente, die miteinander in Beziehung stehen, sich wechselseitig beeinflussen und insgesamt eine ‚Ganzheit' darstellen und somit Grenzen bilden, sie sind im kontinuierlichen Austausch mit der Umwelt (daher offen) und verändern sich laufend, sind also dynamisch." – Trude Kalcher, Trigon –

Reflexion

Für das Systemdenken ist der Begriff des „Musters" wesentlich. Verstehen und verändern wir die Muster der Organisation, ist eine erfolgreiche Transformation möglich. Für Sie als Führungskraft, Change-Agent, Facilitator oder Organisationsentwickler heißt das, die eigene Wahrnehmungsfähigkeit zu trainieren, um die Organisationsmuster zu erkennen.

- Welches Bild taucht vor Ihrem inneren Auge auf, wenn Sie an Ihr Unternehmen denken?
  ....

Organisationsbilder

Gareth Morgan hat in seinem Buch „Bilder der Organisation" (Schäffer-Poeschel, Stuttgart 2002) ganz typische Metaphern für Organisationen beschrieben, die deren vielschichtige Dynamiken aufzeigen, sichtbar und somit auch verstehbar machen.

- **Die Maschine:** Funktioniert im Unternehmen alles auf Knopfdruck, wird von den Menschen als die „Zahnrädchen im Getriebe" gesprochen? Dann herrscht vermutlich der mechanistische Denkansatz vor. Betrachtet ein Manager sein Unternehmen als Maschine, so wird es klar definierte Aufgaben geben, die ineinandergreifen, um eine Gesamtfunktion zu erfüllen.
- **Der Organismus:** Morgan spricht von der Metapher der „Organisation als Organismus". In ihr reifen, wachsen, entstehen, blühen und sterben Dinge. Die Bedürfnisse der Organisation stehen im Vordergrund.
- **Das Gehirn:** Wird von Informationsverarbeitung, Unternehmensintelligenz, Selbstorganisation und Lernen gesprochen, dann könnte dafür die Metapher der „Organisation als Gehirn" stehen.
- **Die Kultur:** Werden im Unternehmen Ideen, Wertvorstellungen, Normen, Glaubenssätze und Rituale thematisiert, dann spricht Morgan von der „Organisation als Kultur". Das findet insbesondere in Zeiten von New Work immer mehr Beachtung.
- **Das politische System:** Nehmen hingegen Machtspielchen, Interessenkonflikte und Legitimierungen Einfluss auf das Unternehmen, dann passt der Vergleich „Organisation als politisches System" ganz gut.
- **Das psychische Gefängnis:** Eine ehr abstrakte Metapher ist die „Organisation als psychisches Gefängnis". Durch unbewusste Annahmen werden die Menschen zu Gefangenen ihrer mentalen Programme. Unsicherheiten sind deutlich zu spüren. Die Angst, Fehler zu machen, breitet sich aus.
- **Der strömende Fluss:** Eine andere Metapher beschreibt die „Organisation als strömenden Fluss". Damit ist gemeint, dass Wandel und Anpassung die Organisation gestalten.
- **Das Machtinstrument:** Und dann gibt es noch die Metapher der „Organisation als Machtinstrument". Sozialer und psychischer Stress dominieren. Burnout steht auf der Tagesordnung. Arbeitskräfte fühlen sich benutzt und werden ausgebeutet, um eigene Ziele zu erreichen.

Auch die Entwicklungsphasen einer Organisation kennzeichnen solche Metaphern: In der Pionierphase wird das Unternehmen „als große Familie" beschrieben. Das Bild wird in der Differenzierungsphase von

dem Bild der steuerbaren „Maschine" abgelöst. Die Metapher für die Integrationsphase ist die des „Organismus", die ein lebendiges System mit Eigendynamik beschreibt. Die Assoziationsphase wird als „Biotop" beschrieben.

Organisationsbilder bestimmen das Handeln in einer Organisation und fördern die Bewusstseinsbildung. Diese Bilder sind tief verwurzelt und den Menschen in der Organisation meist nicht bewusst. Sie steuern jedoch die Wahrnehmung, das Denken und die Lösungsfindung. Sie bestimmen, wie geführt wird und wie das Unternehmen zu organisieren ist. Nutzen Sie die Metaphern, um Organisation zu verstehen und um zu lernen, im diagnostischen Sinne der Organisationsanalyse zu denken.

Übung – Ihre Organisation als Tier?

Eine schöne Übung, die wir mit unseren Management-Teams zur Organisationsanalyse nutzen, ist eine ganz einfache Fragestellung:

- Nehmen wir einmal an, Ihre Organisation wäre ein Tier. Welches Tier kommt Ihnen spontan in den Sinn und warum? Welche Analogien können Sie spontan entdecken?

  ....

Diese Frage stellen wir gerne „verdeckt". Das heißt, jeder notiert sein Tier auf ein Blatt Papier. Dann laden wir jeden Einzelnen ein, sein Tier zu beschreiben und auch die Analogien zum Unternehmen herzustellen. Haben sich alle geäußert, wird der Austausch untereinander gefördert. Sie werden es bereits ahnen, vom Grizzlybären bis zum Häschen ist fast alles dabei. So schärfen Sie den Blick für die unterschiedlichen Wahrnehmungen im Führungsteam.

Auch das bekannte indische Gleichnis mit den sechs blinden Gelehrten und dem Elefanten beschreibt das sehr schön. Die Gelehrten ziehen ihre Rückschlüsse einzig aus dem Körperteil des Elefanten, den sie gerade ertasten – und kommen folglich zu höchst unterschiedlichen Einschätzungen. Wir lenken unsere Aufmerksamkeit oftmals nur auf einen Aspekt, nämlich auf den, der uns gerade beschäftigt oder wichtig ist. Denn unsere Wahrnehmung ist subjektiv und selektiv. Es ist äußerst hilfreich, unterschiedliche Wahrnehmungen einzubeziehen und die verschiedensten Bedeutungen von Situationen zu erfassen. Mit Widersprüchlichkeiten und Paradoxien umzugehen, ist eine Fähigkeit, die wir in der Transformation brauchen.

Die sieben Wesenselemente mit ihren Subsystemen (nach Trigon)

Die sieben Wesenselemente beschreiben die Innensicht einer Organisation zur Umwelt (Kunden, Lieferanten, Partner, Banken etc.). Sie lassen sich den drei Subsystemen in einer Organisation zuordnen: dem kulturellen, dem sozialen und dem technisch-instrumentellen.

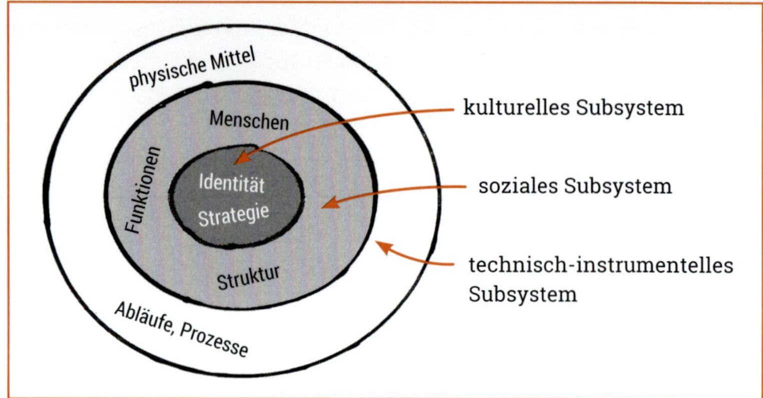

Abbildung 14: Systemkonzept mit den sieben Wesenselementen (nach F. Glasl)

Den Mittelpunkt bildet das kulturelle Subsystem. Eine große Gegensätzlichkeit besteht bei dem sozialen und technisch-instrumentellen Subsystem. Zwischen den Wesenselementen gibt es viele gegenseitige Beeinflussungen und Durchdringungen.

Kulturelles Subsystem

- Im Innensystem steht die **Identität** für das Selbstverständnis einer Organisation, ihren Sinn und Zweck, ihrer Philosophie. Im Umfeld wird das als Image bei Kunden, Geschäftspartnern, bei der Positionierung am Markt und beim Wettbewerb wahrgenommen.
- Die **Strategie** beschreibt im System die Unternehmenspolitik sowie die langfristigen Programme eines Unternehmens. In Bezug auf das Umfeld bedeutet es, Leitsätze und Spielregeln für den Umgang mit Kunden und Lieferanten, Markt- und Marketingstrategien sowie PR- und Preiskonzepte zu entwickeln.

Soziales Subsystem

- Die **Struktur** spiegelt sich im Innen z. B. durch Organisationsdesign, Aufbauprinzipien, Hierarchien. Zum Umfeld sind es strategische Allianzen, strukturelle Beziehungen und Präsenzen zu externen Gruppen wie z.B. zu Verbänden und Vereinen.
- Das Wesenselement **Menschen, Gruppen, Klima** zeigt das Wissen und Können, die Haltungen und Einstellungen, die Beziehungen

untereinander, die gelebten Führungsstile, die informellen Zusammenhänge und das Betriebsklima im System. Nach außen ist es die Pflege der informellen Beziehungen und das Beziehungsklima in der Branche sowie der Umgang mit Macht gegenüber dem Umfeld.

- Das Element der **Einzelfunktionen und Organe** zeigt im Innensystem die Aufgaben, Kompetenzen und Verantwortlichkeiten der einzelnen Funktionen, Projektgruppen und Gremien. Im Umfeld sind es die Funktionen zur Pflege der externen Schnittstellen.

Technisch-instrumentelles Subsystem

- Die **Prozesse und Abläufe** beschreiben im Innensystem, wie die Prozesse laufen, wie Entscheidungen getroffen und Informationen weitergegeben werden. Nach außen bilden dies die Beschaffungs- und Lieferprozesse ab.
- Zum Wesenselement der **physischen Mittel** gehören die Instrumente, Materialien und finanziellen Mittel im System. Im Außen zeigt es sich im physischen Umfeld und im Verhältnis der Eigenmittel zu Fremdmitteln. In diesem Subsystem findet sich auch Frederik W. Taylor wieder (vgl. „blaue Welt", S. 55 f.).

Ausführliche Infos und Analyse-Tools im Download

Im Download finden Sie eine Tabelle zu den Entwicklungsphasen und den sieben Wesenselementen sowie ein Arbeitsblatt zur Selbsteinschätzung (in Anlehnung an Trigon), mit dem Sie in Bezug auf die sieben Wesenselemente die Entwicklungsphasen Ihrer Organisation analysieren können.

2.3 Das Organisationsdesign

Wie ist Ihr Unternehmen aufgestellt?

Wenn Menschen zusammenarbeiten und sich die Arbeit teilen, dann stellt sich die Frage nach der „richtigen" Aufteilung der Tätigkeiten und der Entscheidungsbefugnisse – also der bestmöglichen Zusammenarbeit.

Bekannte Organisationsmodelle sind die klassische Aufbauorganisation, die Matrixorganisation, die Staborganisation oder die Projektorganisation. Die Prozesse einer Linienorganisation sind ideal für Aufgaben, die sich wiederholen. Für überraschende, dynamische und seltene Aufgaben ist sie eher ungeeignet. Durch die hohe Dynamik in der heutigen Arbeitswelt kommen die klassischen Linienorganisationen an ihre Grenzen. Es herrscht permanenter Overload. Handlungsspielraum fehlt und die MitarbeiterInnen und die Organisation gehen in die Überlastung.

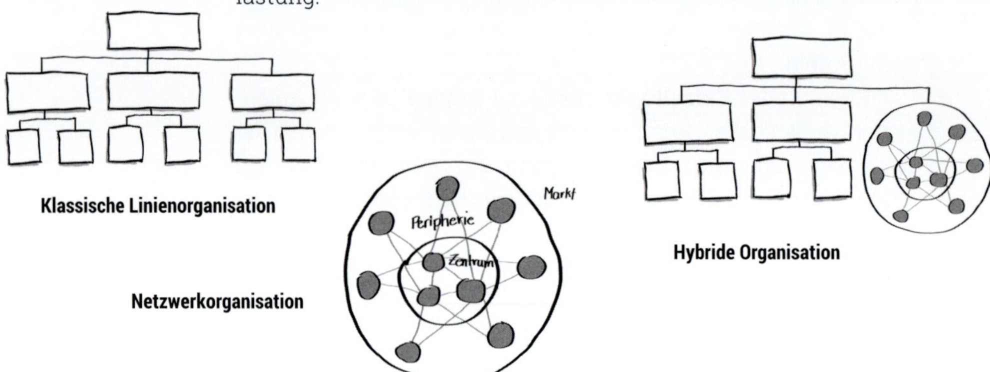

Abbildung 15: Beispiele für Organisationsmodelle

Neuere Modelle sind die Netzwerkorganisation und die hybride Organisation. Die Netzwerkorganisation, auch Pfirsichmodell genannt, unterscheidet zwischen Peripherie und Zentrum (Dr. Gerhard Wohland, dynamikrobust). Als Peripherie werden alle Rollen bzw. Aufgaben (nicht aber Personen) bezeichnet, in denen ein direkter Kontakt zum Markt und zu den Kunden besteht. Im Zentrum stehen alle, die die Peripherie direkt oder indirekt unterstützen. Das können Dienste wie das Personalwesen (HR), die Buchhaltung, das Controlling oder auch die Produktentwicklung sein.

Der Markt (be-)zieht Leistungen und Produkte aus der Peripherie des Unternehmens. Die Peripherie wiederum (be-)zieht Leistungen aus dem Zentrum. In der klassischen Hierarchie wird ein Unternehmen vom Zentrum, im Pfirsichmodell wird die Organisation vom Markt und Kunden „getrieben“. Nicht die zentrale Bürokratie der Hierarchie treibt also die Entscheidungen voran, sondern die Wertschöpfung.

Organisationen haben grundsätzlich **drei Strukturen**, wenn auch in unterschiedlicher Ausprägung (siehe Abb. auf S. 75). Die drei Stukturen interagieren miteinander und stehen in Verbindung. Eine ausgewogene Balance ist für die Wirksamkeit und Leistungsfähigkeit einer Organisation wichtig. Stehen die Strukturen in einem Ungleichgewicht, z. B. durch eine zu ausgeprägte Hierarchie, dann leidet die Wertschöpfung. Auch eine starke informelle Struktur kann die Leistungsfähigkeit verhindern.

> Bestimmt in Ihrer Organisation die operative Hektik das Geschehen, dann ist das ein deutliches Zeichen für geistige Windstille. Beginnen Sie deshalb, an der Struktur Ihres Unternehmens zu arbeiten.

Die formelle Struktur	Die informelle Struktur	Die Wertschöpfungsstruktur
Die formelle Struktur hat die Aufgabe, die Compliance (Gesetzmäßigkeiten) zu sichern. Dazu gehören Verträge, Buchhaltung und Rechnungslegung, Arbeits- und Datenschutz, Funktionen (z.B. Geschäftsführung, Prokura, Betriebsrat, Aufsichtsrat). Die Hierarchie bestimmt die interne, formelle Macht.	Die informelle Struktur beschreibt das soziale Netzwerk einer Organisation. Dies sind die Beziehungen im Unternehmen und der Einfluss untereinander. Wen kenne ich? Wer hat ähnliche Interessen wie ich? Wer ist mir wohlgesonnen?	Das ist der Ort, an dem Leistung und Erfolg entstehen können. Diese entstehen netzwerkartig, die Wertschöpfung findet im Miteinander und Füreinander zwischen den Akteueren und Zellen statt.
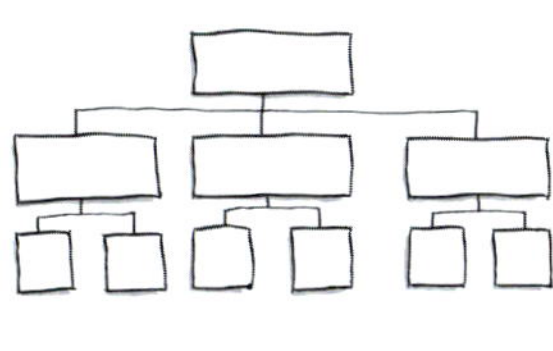	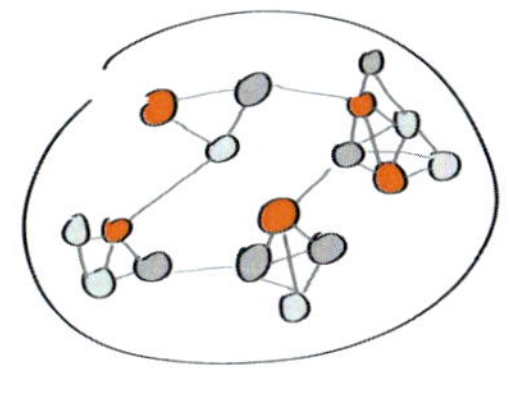	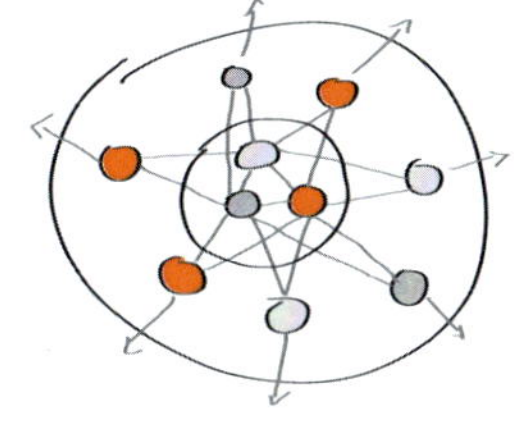
Positionsmacht: Hierarchie	**Beziehungsmacht: Einfluss**	**Könnermacht: Reputation**

Vgl. auch: N. Pfläging / S. Hermann (2015): Komplexithoden. Redline, München.

Abbildung 16: Die drei Organisationsstrukturen

Ein gutes Organisationsdesign sollte immer ein ganzheitlicher Ansatz sein. Die Vision, die Unternehmensziele und die Strategie bilden den Rahmen dafür. Das Design soll dabei bestmöglich unterstützen und einen entsprechenden Handlungsrahmen geben.

Übrigens: Ein neues Organigramm führt nicht zu einem guten Organisationsdesgin, denn das führt meistens zum Denken und Handeln in hierarchischen Strukturen.

Kurz-Reflexion:

Was kann und sollte in Ihrer Organisation strukturell verändert werden, damit die Wertschöpfung noch besser gelingt?

………

Die Schattenorganisation

Um das Zusammenspiel von Organisationsdesign und MitarbeiterInnen darzustellen, kann der sogenannte Haufe Quadrant ein hilfreiches Instrument sein. Mit ihm lassen sich auch aktuelle „Pain-Points“ sowie zukünftige Erfolgspotenziale identifizieren. Er zeigt auf einfache Weise die

Interaktion zwischen den zwei entscheidenden Einflussgrößen jedes Unternehmens: den Menschen und dem Organisationsdesign (Struktur). Damit bietet er neue und oft auch überraschende Sichtweisen auf das eigene Unternehmen: Diese haben nämlich in der Regel nicht eine vorherrschende Organisationsform, sondern gleich mehrere. In jedem Unternehmen gibt es Weisung und Kontrolle, Schattenorganisation, Überlastung der Organisation und agiles Netzwerk.

In der Schattenorganisation und im agilen Netzwerk finden sich die Gestalter eines Unternehmens. Die Umsetzer sind meist in der überlasteten Organisation und in der klassischen Hierarchie mit Weisung und Kontrolle zu finden.

Abbildung 17: Der Haufe Quadrant

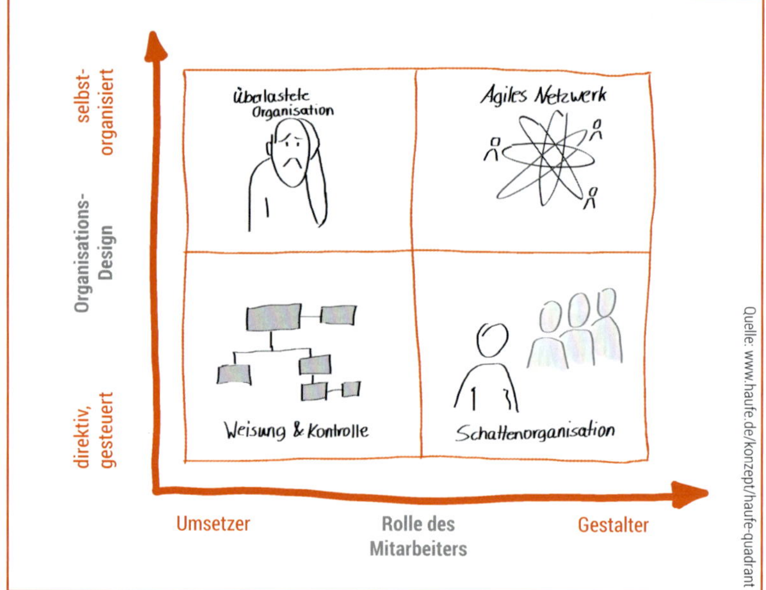

Reflexion

Stellen Sie sich gedanklich einmal die vier Felder vor und verweilen Sie dort jeweils ein paar Minuten. Welche Bilder, Glaubenssätze und Assoziationen fallen Ihnen aus dem eigenen Unternehmen ein? Befindet sich Ihre Organisation im Weisungs- und Kontroll-Modus, in der Überforderung oder vielleicht sogar in mehreren Feldern gleichzeitig?

Sie können das auch in Ihrem nächsten Management-Meeting aufgreifen und in eine spannende Diskussion einsteigen.

1. Wo sehen die einzelnen Führungskräfte die Organisation? Wo steht jede Führungskraft gerade? Was sind die zentralen Themen?
2. Anschließend diskutieren Sie: Wo wollen wir hin? Welche Strukturen braucht das Unternehmen, um in die gute Zukunft zu gehen? Welche Differenzen zwischen IST und SOLL werden sichtbar?
3. Widmen Sie sich auch der Infrastruktur, wie z.B. der Technologie oder Arbeitsarchitektur. Wo stehen wir diesbezüglich aktuell in den Quadranten?
4. Was sollten wir tun, um den Wunsch-Zustand zu erreichen? Was könnten erste Ideen sein?

Mit dem Quadranten haben Sie relativ schnell einen guten Blick auf die Organisation. Die Erkenntnisse können Sie als Ausgangspunkt für die Transformation nutzen bzw. regelmäßig einen Status quo ermitteln und entsprechende Maßnahmen ableiten.

2.4 Kultur und Werte

Bestimmt kennen Sie den berühmten Satz von John Kotter: „Culture eats strategy for breakfast." Und sicherlich kennen Sie auch die verschiedenen Studien, die herausgefunden haben, dass 70 Prozent der Change-Projekte scheitern, weil u. a. die Kultur einer Organisation deutlich unterschätzt wird.

70 Prozent scheitern – die meisten wissen es schon nach zwei bis drei Monaten, obwohl das „Projekt" auf zwei bis drei Jahre angelegt ist.

Die Gründe:

39% Widerstand der Angestellten gegenüber Veränderungen
33% Haltung und Verhalten des Managements konterkarieren Wandel
14% Unzureichende Ressourcen und Budgets
14% andere Hindernisse

Quelle: McKinsey

Was prägt die Unternehmenskultur?

- gemeinsam geteilte Muster des Denkens, Fühlens und Handelns
- vermittelte Normen, Haltungen
- unausgesprochene Werte
- Symbole

Diese formen die Entscheidungen, das Handeln und Verhalten der Menschen in der Organisation und wirken sowohl auf die Beziehungsebene als auch auf die Art und Weise, wie geführt wird und wie Entscheidungen des Managements getroffen werden. Kultur entwickelt sich als Folge der Verhältnisse. Sie kann nicht einfach wie eine Software implementiert werden.

Jedes Unternehmen hat eine gelebte Kultur und diese ist allgegenwärtig, ganz egal, ob sie in den Unternehmensleitlinien festgeschrieben ist oder nicht. Das ist so ähnlich wie mit dem Wetter, das ist auch immer da.

Die Kultur zeigt sich überall im Unternehmen und sie kann Veränderungen (z. B. Wechsel der Geschäftsführung) überdauern. Wir sprechen dann häufig von einem kollektiven Wissen im Unternehmen. Gleichzeitig wählen Unternehmen zu ihnen passende MitarbeiterInnen aus, was dazu führt, dass sich ein sich selbst verstärkendes soziales Muster entwickelt.

Zusammenfassend lässt sich sagen: Kultur wirkt – und zwar immer, auch wenn sie unausgesprochen ist, wie eine stumme Sprache!

Reflexion

- Welche Werte, Überzeugungen, Einstellungen und Glaubensgrundsätze dominieren in Ihrem Unternehmen?
- Welche Kultur wollen Sie zukünftig im Unternehmen leben?
- Was macht Ihre Leute stolz, was verbindet sie?
- Was ist die Seele des Unternehmens?
- Für was brennt Ihr Unternehmen?
- Was denken Ihre MitarbeiterInnen über Sie und Ihr Unternehmen?
- Was soll Bestand haben, was wollen Sie ändern?

2.4.1 Die Kultur ist das Gedächtnis einer Organisation

Unternehmenskultur wird erlebt und kann oftmals objektiv nicht klar beschrieben werden. Die Kultur eines Unternehmens zeigt sich sowohl nach außen als auch nach innen und besteht aus Grundüberzeugungen: Annahmen, Werten, Glaubenssätzen. Diese werden ganz „selbstverständlich" geteilt und sind trotzdem meistens unbewusst. Die „Kultur" gibt sozusagen Auskunft darüber, wie man im Unternehmen arbeitet und die Dinge tut.

Der Blick unter die Oberfläche

Die Kultur ist wie eine unbewusste Grammatik, auf den ersten Blick oft unsichtbar. Es gibt informelle Prozesse, implizite Regeln, tiefer liegende Schichten und eine Hinterbühne.

Organisationale Glaubenssätze sind Überzeugung, nach denen sich das Handeln der MitarbeiterInnen ausrichtet. Diese müssen weder von den MitarbeiterInnen geteilt werden noch irgendjemandem bewusst sein. Probleme werden immer auf die gleiche Art und Weise gelöst. Aussagen wie „Das macht man so bei uns" unterstreichen das. Grundannahmen und Werte sind in der Organisation so selbstverständlich, dass die meisten MitarbeiterInnen diese nicht infrage stellen. Unternehmenskultur wird oft erst bewusst wahrgenommen, wenn neue Menschen ins Unternehmen kommen oder Unternehmen fusionieren und verschiedene Arbeitswelten – und damit unterschiedliche Kulturen – aufeinanderprallen.

Der Organisationspsychologe Edgar H. Schein beschreibt die Kultur anhand von drei Kriterien:

1. **Artefakte:** Diese sind sichtbar, aber interpretationsbedürftig: Äußerlichkeiten, Parkplatzordnung, Bürogestaltung, der sprachliche „Jargon", „Was fällt mir als Erstes auf, wenn ich neu in ein Unternehmen komme?".
2. **Angenommene und idealisierte Werte/Normen:** Diese sind unsichtbar, meist unbewusst, aber artikulierbar (z.B. bewahren vs. verändern).
3. **Grundannahmen und Überzeugungen:** Diese sind unsichtbar, unbewusst, selbstverständlich – sie entstehen aus den Erfahrungen.

Reflexionsfragen zur Kultur Ihres Unternehmens im Download

Glaubenssätze einer Organisation

Wir haben hier einmal einige gängige Glaubenssätze zusammengestellt. Welche kommen Ihnen bekannt vor?

- Wir müssen ein Produkt für den Kunden vollständig entwickeln, bevor wir es dem Kunden vorstellen.
- MitarbeiterInnen missbrauchen Freiräume, wenn man sie ihnen gibt.
- Menschen leisten mehr, wenn man ihnen mehr Geld zahlt.
- Wir sollten dem Kunden jeden Wunsch erfüllen.
- Jeder Bereich muss gleichermaßen sparen, damit wir profitabler werden.

- Wir brauchen einen einheitlichen Führungsstil.
- Konflikte und Spannungen stehen dem Erfolg des Unternehmens im Weg.
- Bei uns macht jeder nur Dienst nach Vorschrift. Nur wenige wollen Verantwortung übernehmen.
- Wenn jeder seinen Job richtig machen würde, hätten wir keine Probleme.
- Regelmäßige Reportings sorgen dafür, dass die Entscheider informiert bleiben.
- Wenn sich jeder an die Vorgaben hält, wären wir erfolgreich.

Weitere Hinweise dazu in der Link-Liste im Download

Wenn Sie Ihre Organisation besser verstehen und hinderliche Glaubenssätze in der Organisation auflösen wollen, dann können wir Ihnen das Spiel „Play Change" von Intrinsify.me empfehlen. Ziel von „Play Change" ist es, die Organisation bzw. den eigenen Bereich besser zu verstehen, gemeinsam zu diskutieren und wirksame Veränderungsimpulse zu initiieren. So gewinnen Sie ein besseres Verständnis der Wirkung und der Zusammenhänge im Unternehmen.

2.4.2 Die Kultur spiegelt die blaue und die rote Welt

Der Managementberater Dr. Gerhard Wohland unterscheidet **zwei Kulturebenen**: die Verhaltenskultur und die Wertekultur. Beobachten können wir die gelebte Verhaltenskultur, also die Vorderbühne in den Unternehmen. Sie entsteht durch die Steuerung von Macht, Belohnung oder Strafe, Anweisung oder Argumentieren. Menschen verhalten sich daraufhin diszipliniert, pünktlich, freundlich, verbindlich. Es werden Regeln für richtiges Verhalten formuliert und deren Einhaltung gefordert. Unser Verhalten können wir mit unserem Willen steuern, deshalb können die MitarbeiterInnen die Vorgaben erfüllen. Verhalten sich die MitarbeiterInnen „richtig", dann stimmt die „Verhaltenskultur".

Die Wertekultur im Unternehmen beschreibt die sogenannte unsichtbare Hinterbühne in Unternehmen, geprägt durch Vertrauen oder Misstrauen, Achtung oder Missachtung, Liebe oder Hass.

> In Zeiten hoher Dynamik müssen wir oftmals schnell handeln und Entscheidungen treffen. Es gibt für diese überraschenden Situationen keine festen Regeln. Wir entscheiden also nach unserer eigenen Wertestruktur und unseren Überzeugungen. Diese verändern sich durch Erfahrungen, nicht durch willentliche Gestaltung.

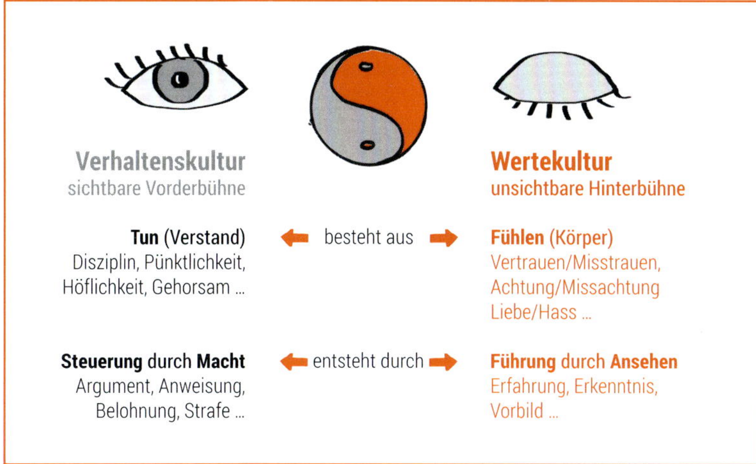

Quelle: Dr. Gerhard Wohland, www.dynamikrobust.com, Stuttgart

Abbildung 18: Kultur – Verhalten und Werte

Als Unternehmen können Sie zum Beispiel Ihr Leitbild und Ihre Werte anpassen – und Sie erreichen damit vermutlich eine Veränderung im Verhalten der MitarbeiterInnen. Das zahlt auf die Verhaltenskultur ein – die Wertekultur indes bleibt oftmals unverändert. Herrscht eine Misstrauenskultur, dann entsteht durch eine Verhaltensanpassung noch lange keine Vertrauenskultur.

Wir erleben die Kultur als sogenannte Schatten einer Organisation. Als Führungskraft können und sollten Sie diese beobachten. Denn hier zeigt sich die Qualität der eigenen Arbeit. Und diese kann ständig verbessert werden, zum Beispiel durch die Gestaltung eines dynamischen und flexiblen Geschäftsmodells. Führen Sie deshalb mit Vorbild, anstatt mit Macht zu steuern.

2.4.3 Acht beobachtbare Kulturstile und wie sie sich unterscheiden

Auch wenn wir der Meinung sind, dass es so viele Kulturen wie Organisationen gibt, wollen wir Ihnen die acht häufig beobachtbaren Kulturstile auf den folgenden Seiten etwas näher vorstellen (vergleichen Sie auch die Organisationsbilder nach Morgan auf Seite 70 mit den Kulturstilen). Der Harvard Business Manager hat diese im März 2018 in einem Artikel beschrieben.

Abbildung 19:
Die acht Kulturstile

1. Sinn

„Die meisten der großartigen Unternehmen auf der Welt haben auch einen großartigen Zweck."
– WHOLE FOODS, John Mackey, Gründer und CEO –

Idealismus und Altruismus sind besonders wichtig, das heißt, dass Menschen nachhaltig Gutes für die Welt tun. Das Arbeitsumfeld ist sehr tolerant und Führungskräfte betonen gemeinsame Ideale.

2. Fürsorglichkeit

„Es ist unglaublich wichtig, offen und nahbar zu sein und die Menschen fair zu behandeln."
– DISNEY, Bob Iger, CEO –

Gegenseitige Hilfe und Vertrauen stehen im Mittelpunkt. Das Arbeitsumfeld ist warm und partnerschaftlich und die Führungskräfte legen Wert auf Teamwork und Aufrichtigkeit.

3. Auftrag

„Regeln aufzustellen ist die Schlüsselaufgabe einer Aufsichtsbehörde. Wenn wir Vorschriften für die Wertpapiermärkte festlegen, ist klar, dass auch wir als SEC uns dabei an Vorschriften halten."
– SEC, Inga Beale, CEO –

Respekt und Struktur, gemeinsame Normen sind relevant. Das Arbeitsumfeld ist gut systematisiert und kooperativ und Führungskräfte fordern die Einhaltung bewährter Prozesse.

4. Sicherheit

„Um sich zu schützen, sollten Unternehmen Zeit investieren und verstehen, welchen Risiken sie ausgesetzt sein könnten."
– LLOYD'S of London, Inga Beale, CEO –

Planung und Vorsicht sind wichtig. Die MitarbeiterInnen wünschen sich Schutz. Die Führungskräfte schätzen Planung und Realitätssinn.

5. Autorität

„In unserem Unternehmen herrscht das, was wir ‚Wolfsgeist' nennen. Im Kampf mit Löwen besitzen Wölfe angsteinflößende Fähigkeiten: Sie wollen gewinnen und haben keine Angst davor, zu verlieren. Sie halten an ihrem Ziel fest und setzen alles daran, den Löwen ans Ende seiner Kräfte zu treiben."
– HUAWEI, Ren Zhengfei, CEO –

Stärke, Mut und Entscheidungsfreudigkeit prägen die Kultur. Das Arbeitsumfeld ist vom Wettbewerb geprägt und Chefs zeigen Zuversicht, Mut und Dominanz.

6. Ergebnisse
„Ich habe versucht, den Fokus auf unsere sehr klare Strategie der Erneuerung zu halten." – GSK, Sir Andrew Witty, ehemaliger CEO –
Leistung und Gewinn stehen im Fokus. Das Arbeitsumfeld ist stark ergebnisorientiert und Führungskräfte legen Wert auf das Erreichen der Ziele.

7. Freude
„Habt Spaß. Das Spiel macht viel mehr Freude, wenn man versucht, mehr zu erreichen, als nur Geld zu verdienen." –ZAPPOS, Tony Hsieh, CEO –
Wichtig sind Spaß und Begeisterung. Das Arbeitsumfeld ist geprägt von Fröhlichkeit, die Chefs legen Wert auf Spontanität und Sinn für Humor.

8. Lernen
„Ich interessiere mich für Dinge, die die Welt verändern oder die Zukunft beeinflussen ..." – TESLA, Elon Musk, Mitgründer und CEO –
Es geht um das Erkunden und die Kreativität. Das Arbeitsumfeld ist offen zum Entwickeln neuer Ideen, Vorgesetzte fördern besonders Innovation.

Quelle: Spencer Stuart. In: Harvard Business Manager, März 2018, S. 25.

Weitere Hintergrundinfos finden Sie über die Link-Liste im Download.

In den Aussagen zu diesen acht Kulturstilen lassen sich zwei Dimensionen erkennen.

- **Dimension 1, die menschlichen Interaktionen:** Die einen Organisationen geben ihren MitarbeiterInnen **Freiräume** und schätzen Eigenständigkeit, individuelles Engagement und Wettbewerb. Die anderen Organisationen tendieren dazu, die Integration der MitarbeiterInnen zu fördern und auf **Kooperation** zu setzen.

- **Dimension 2, die Reaktionen auf Veränderungen:** Auf der einen Seite gibt es Kulturen, die **Stabilität** bevorzugen. Sie tendieren dazu, Regeln einzuhalten und Kontrollstrukturen zu nutzen. Beständigkeit, Vorhersehbarkeit und das Festhalten am Status quo stehen hier hoch im Kurs. Auf der anderen Seite gibt es Kulturen, die **Flexibilität** bevorzugen, den Wandel favorisieren und sich schnell anpassen. Innovation, Offenheit und Vielfalt stehen im Vordergrund.

Wo ordnen Sie Ihr Unternehmen ein?

Lernen Sie die eigene Unternehmenskultur zu verstehen. Das sorgt für ein größeres Verständnis und unterstützt Sie, um Ihre MitarbeiterInnen für die Transformation zu gewinnen.

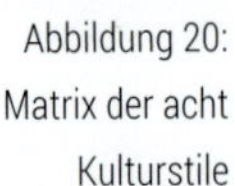

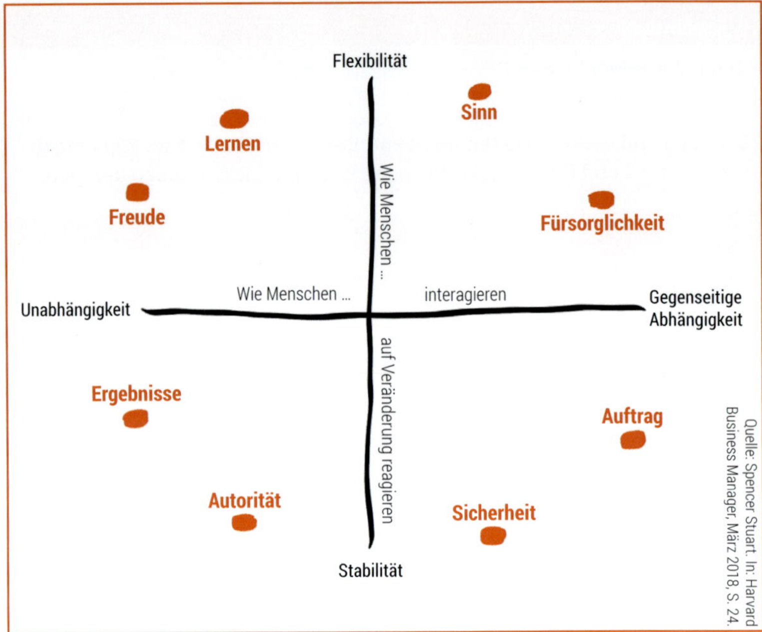

Abbildung 20: Matrix der acht Kulturstile

Jeder Kulturstil hat seine Vor- und Nachteile. Nahe beieinanderliegende Punkte finden sich oftmals in einem Unternehmen wieder. Wenn Unternehmen auf zwei weit auseinanderliegende Punkte Wert legen, sorgt dies hingegen manchmal für Verwirrung.

In einem dynamischen und unsicheren Umfeld wollen viele Unternehmen agiler werden. Deshalb wird auch eine lebendige lebenslange Lernkultur immer wichtiger. Stimmen Sie die Kultur, die Strategie und die Führung gut aufeinander ab und passen Sie die Strukturen an, um auch in Zukunft erfolgreich auf dem Markt zu agieren.

Was sind die Vor- und Nachteile der Kulturstile?

Abbildung 21: Vor- und Nachteile der acht Kulturstile

Kulturstil	Vorteile	Nachteile
Sinn idealistisch, sinngetrieben, tolerant	Hohe soziale Verantwortung, Wertschätzung von Vielfalt und Nachhaltigkeit	Aktuelle Angelegenheiten und das Alltagsgeschäft leiden unter der Überbewertung des langfristigen Zwecks.

Kulturstil	Vorteile	Nachteile
Fürsorglichkeit warm, ehrlich und beziehungsorientiert	Bessere Zusammenarbeit und Kommunikation, höheres Engagement, ein stärkeres Vertrauen und Gefühl der Zugehörigkeit	Zu viel Konsens kann dazu führen, dass nicht alle Möglichkeiten in Betracht gezogen werden. Entscheidungen brauchen zu lange und Diskussionen werden oftmals vermieden.
Auftrag respektvoll, regeltreu, kooperativ	Höhere operationale Effizienz, geringe Konflikte, erhöhter Gemeinschaftssinn	Verringerte Individualität und Kreativität führen dazu, dass die Beweglichkeit der Organisation eingeschränkt ist, Regeln und Traditionen werden zu stark betont.
Sicherheit vorsichtig, realistisch, gut vorbereitet	Erhöhte Stabilität und Kontinuität, besseres Risikomanagement	Starke Bürokratie, Standardisierung und Formalitäten machen das Unternehmen unflexibel, teilweise entsteht eine Entmenschlichung des Arbeitsumfeldes.
Autorität entschieden, mutig und dominant	Hohe Entscheidungsgeschwindigkeit und schnelle Reaktionen auf Krisen und Gefahren	Extrem starke Autorität und politisches Agieren führen zu hohem Konfliktpotenzial, die psychische Gesundheit ist in Gefahr.
Ergebnisse zielorientiert und leistungsgetrieben	Großer externer Fokus, hohe Umsetzungsenergie, starker Aufbau von Kompetenzen und Zielerreichung	Der Fokus auf die Ergebnisse wird zu stark, das kann die Kommunikation und Zusammenarbeit behindern, erhöhter Stress und auch Angst können zunehmen.
Freude instinktorientiert, spielerisch, lebensfroh	Hohes Engagement, gute Stimmung, größere Kreativität	Autonomie und Engagement können zu mangelnder Disziplin und Problemen mit Compliance/Aufsicht führen.
Lernen abenteuerlustig, offen, erfinderisch	Organisationales Lernen, mehr Innovationen und Beweglichkeit	Gefahr, den Fokus durch zu viel Ausprobieren zu verlieren. Das verhindert auch, dass bestehende Vorteile genutzt werden.

Ausführliches Arbeitsblatt mit Kurz-Check im Download

Reflexion – Die aktuelle Kultur verstehen, das Umfeld einbeziehen, die Umsetzung vorantreiben

Stellen Sie sich zunächst folgende Fragen:

- Was sind die aktuellen Probleme und Herausforderungen im Unternehmen?

  ………

- Welcher Kulturstil ist vorherrschend im Unternehmen?

  ………

- Welchen Kulturstil streben Sie an? Und passt dieser zu den aktuellen und zu erwartenden Marktbedingungen?

  ………

- Welche Folgen könnte ein Kulturwandel haben?

  ………

- Ist unsere Organisationsstruktur förderlich oder hinderlich und inwieweit müssen wir diese anpassen?

  ………

- Welche Wettbewerbsvorteile würden sich durch einen Kulturwandel ergeben?

  ………

- Wie erleben Sie die aktuelle Führungskultur und inwieweit passt diese zu der angestrebten Kultur?

  ………

- Wer sind die Multiplikatoren, die Lust auf die Transformation haben?

  ………

- Wie können wir Sicherheit in der Veränderung schaffen?

  ………

Kultur lässt sich nicht direkt verändern, Kultur ist beobachtbar.

- Was können Sie bewusst verändern, entscheiden? Und inwieweit wird das die Unternehmenskultur beeinflussen und transformieren?

  ………

Schon Management-Vordenker Peter Drucker formulierte, wie wichtig eine förderliche Unternehmenskultur für ein erfolgreiches Unternehmen ist. „Management-Gurus" wie Jim Collins, Autor von „Der Weg zu den Besten", und Arie de Geus (Shell-Studie) analysierten zahlreiche Firmen, die überdurchschnittlich erfolgreich sind und seit mehr als 40 Jahren am Markt bestehen. Jene Firmen leben durchgängig ihre Prinzipien. Sie geben uns ein Rollenmodell – lernen wir von ihnen.

Die Umwegstrategie über die Struktur

Ein Umweg könnte hilfreich sein: über die Struktur zur Kultur. Die beiden Musterbrecher Dirk Osmetz und Stefan Kaduk haben es herausgearbeitet und radikal formuliert (managerSeminare Heft 257, 08/2019):

- **Hypothese bilden:** Welchen Zusammenhang gibt es zwischen „harten" Strukturelementen und „weicher" Unternehmenskultur?
- **Strukturelemente eliminieren:** Welche Kultur wird mit den vorhandenen Strukturelementen keine Chance haben? Was kann auch nicht mit „Kulturkosmetik" gerettet werden?
- **Förderliche Strukturen bilden:** Welche Strukturen unterstützen die Art und Weise der gewünschten (Zusammen-)Arbeit?
- **Radikale Strukturveränderungen vornehmen:** Wie kann die Struktur so gebildet werden, dass es keine Möglichkeiten gibt, ihr auszuweichen oder sie zu ignorieren?
- **Kultur genau beobachten:** Wie reagieren die Menschen auf die neue Realität und wie geht es ihnen damit?
- **Verluste in Kauf nehmen:** Welche Führungskräfte und MitarbeiterInnen werden mit der neuen Realität nicht zurechtkommen?
- **Alles ist veränderbar:** Wie offen und flexibel sind wir und wie mutig verändern wir hinderliche Strukturen?

Tipp

Etablieren Sie ein Culture-Team, das direkt mit GF, CIO, Vorstand zusammenarbeitet. Bilden Sie Culture-Coachs aus, welche die Teams individuell mit Workshops, Moderation und Coaching in der Transformation begleiten. Binden Sie auch externe Coachs ein, denn sie sind neutral und unparteiisch, wenn es um persönliche Themen oder Konflikte geht. Viele unserer Kunden haben damit gute Erfahrungen gemacht.

3 Die Transformationsreise

Zu Beginn des Transformationsprozesses herrscht oftmals Unsicherheit über die eigene berufliche Zukunft, bisherige definierte Rollen werden destabilisiert und bewährte Routinen können verloren gehen. Das Zugehörigkeitsgefühl und der kollegiale Zusammenhalt, das Wir-Gefühl, nehmen ab. Bei MitarbeiterInnen und auch bei Führungskräften kann sich durch veränderte, transformierte Prozesse das Selbstbewusstsein – in Bezug auf das eigene Können – verringern. Die MitarbeiterInnen machen sich Sorgen, ob sie die neuen Anforderungen, Vorgehen und Arbeitsprozesse bewältigen können. Jetzt heißt es für viele MitarbeiterInnen und Führungskräfte, die Komfortzone zu verlassen und in die Lernzone zu wechseln.

Kennen Sie das „Z“ der erfolgreichen Veränderung?

Viele Unternehmen beginnen ihre Transformation damit, dass sie ein neues Organigramm entwickeln. Sie „hängen die MitarbeiterInnen sozusagen um“ und wundern sich dann, dass die MitarbeiterInnen verunsichert sind, in den Widerstand gehen oder sich ganz verweigern.

Natürlich ist es wichtig, **am** System, der Struktur zu arbeiten. Doch das wiederum ist wesentlich einfacher, wenn die MitarbeiterInnen aufgeschlossen für die Transformation sind, die Notwendigkeit des Wandels verstehen und im Idealfall Lust auf den Change haben.

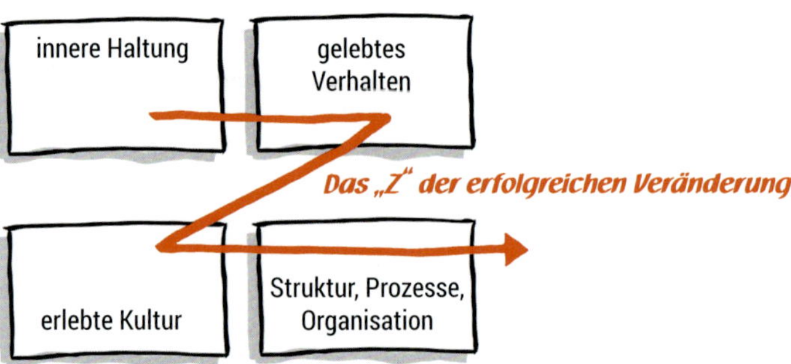

Abbildung 22: Das „Z“ der erfolgreichen Veränderung

Das Z macht deutlich, welchen Einfluss die „innere Haltung" auf das gelebte Verhalten in einer Organisation/einem Unternehmen haben kann. Ist meine Haltung positiv und offen, so werde ich mich aktiv in die Veränderung als Führungskraft oder MitarbeiterIn einbringen und bin für Neues aufgeschlossener. Ist meine Haltung ablehnend, weil ich z. B. in der Vergangenheit Negatives in Veränderungsprojekten erlebt habe, so hat das einen Einfluss auf mein gelebtes Verhalten (abwartend, reaktiv, ablehnend). Das hat dann wiederum einen direkten oder indirekten Einfluss auf die Teamkultur und letztlich auf die erlebte Kultur im Unternehmen. Im schlimmsten Fall entwickelt sich eine Kultur der Verweigerung. Positive Leitsätze haben dann wenig Wirkung. Denn Sie wissen ja, die Kultur lässt sich unmittelbar nicht verändern. Oder haben Sie es schon einmal erlebt, dass ein positiver Leitsatz wie „Wir vertrauen uns gegenseitig und respektieren einander" sofort eine Vertrauenskultur hervorgerufen hat?

„Bei kulturbeeinflussenden Strukturveränderungen geht es darum, radikal zu sein, wirklich einen Unterschied zu machen und einen ‚Point of no return' zu provozieren."
– Stefan Kaduk & Dirk Osmetz, die Musterbrecher –

Beginnen Sie die Transformation mit einer aktiven und offenen Kommunikation (mehr dazu auf S. 150 ff.). Ihre MitarbeiterInnen sind alle erwachsen und können die Wahrheit aushalten, selbst wenn sie im ersten Moment irritiert oder geschockt sind. Verabschieden Sie sich auch von Sätzen wie: „Wir können unseren MitarbeiterInnen nicht alles erzählen, weil ..." Es gibt keine Informationsüberforderung. Gehen Sie davon aus, dass, sobald Sie transparent kommunizieren, Ihre MitarbeiterInnen Verantwortung übernehmen. Das heißt, Sie sollten die Realität weder dramatisiert, übertrieben negativ oder extrem beschönigend darstellen. Begegnen Sie allen auf Augenhöhe, dann folgen Ihnen die Menschen, die Lust auf die Transformation haben, und im Idealfall erzeugt das eine Sogwirkung.

Zur Durchführung dialogorientierter Großgruppenformate siehe auch Handout im Download

Geben Sie Raum für Gestaltung und entwickeln Sie Lösungen gemeinsam. Ein Austausch in Großgruppen, z.B. mit Open-Space-Formaten, fördert den Dialog und nimmt Unsicherheit. So geben Sie dem Change den nötigen Rückenwind und erhöhen die Akzeptanz für die Veränderung. Bauen Sie darauf auf und es wird einfacher, die Organisationsstruktur anzupassen.

Eine Aussage, die uns in der Zusammenarbeit mit unseren Kunden immer wieder begegnet: „Es ist besser, zuerst das agile Framework einzuführen. Die MitarbeiterInnen lernen dann schon, wie sie mit der neuen Arbeitsweise zurechtkommen." Das kann zwar manchmal funktionieren, denn die vier Bereiche Haltung, Verhalten, Kultur und Struktur hängen eng miteinander zusammen. Wir sind allerdings davon überzeugt, dass die Menschen im Change leichter mitgehen können, wenn sie ausreichend informiert und befähigt sind, denn so kann eine offene innere Haltung für neue und andere Wege entstehen.

Der Erfolg der Vergangenheit hindert uns an der Veränderung in der Zukunft.

Verabschieden Sie sich von der Vorstellung, alle MitarbeiterInnen überzeugen zu wollen. Ist die Zukunftsvision anziehend und der Nutzen für jeden Einzelnen, das Team und das Unternehmen erkennbar und vor allem inspirierend, werden Ihnen viele Menschen folgen. Und es ist auch ganz normal, dass es für den einen oder anderen dann einfach nicht mehr passt und er oder sie das Unternehmen oder das Team verlässt. Ihre MitarbeiterInnen entscheiden sich: für etwas oder gegen etwas. Und das ist auch gut so.

3.1 Ein inspirierendes Zukunftsbild vs. Blindflug

Erinnern Sie sich an die Pinguin-Geschichte und den Zeitpunkt, an dem die Seemöwe ins Spiel kam? Das Team entwickelte ein Zukunftsbild für einen neuen Lebensraum. Übertragen auf den Transformationsprozess heißt das: Schaffen Sie Klarheit und Verständnis für die Vision, denn diese leitet Ihr Unternehmen und die MitarbeiterInnen, **nicht** die Zahlen.

> Eine Vision, die sich unterscheidet, ein Ziel, das fasziniert, eine Erzählung, eine Geschichte, die andere begeistert, ist das, was ein Unternehmen in der Transformation braucht.

Das „Warum" macht den Unterschied

Um beim Zukunftsbild die emotionale Komponente zu aktivieren, ist das Beantworten der Sinnfrage ein zentraler Aspekt. John Mackey hat es sehr treffend formuliert: „Die meisten der großartigen Unternehmen auf der Welt haben auch einen großartigen Zweck." Werfen wir einen Blick auf Apple. Warum ist Apple Kult und Samsung nur ein Computer-Hersteller? Wie schafft das Apple, innovativer zu sein, mehr Aufsehen zu erregen als andere Hersteller der gleichen Branche? Wie schafft es Apple immer wieder, faszinierende Produkte zu entwickeln, die Menschen inspirieren? Was ist das Erfolgsgeheimnis?

Vor dem iPhone war das Smartphone unbekannt. Vor dem iPad hat sich niemand für einen Computer mit Touchscreen interessiert. Und bevor Steve Jobs das Mac Book Air aus einem einfachen Briefumschlag gezogen hat, wollte niemand ein ultraflaches Notebook.

Mit Slogans wie „Think different.", „It's show time." oder „Die Rückkehr der Leichtigkeit." spricht Apple die emotionale Seite der Kunden an. Das Bestreben, Bestehendes infrage zu stellen und anders zu denken, ist in der DNA des Unternehmens verankert und führt zum Warum: „Schöne, einfache und anwenderfreundliche Produkte zu entwickeln."

Kunden kaufen nicht, was wir tun, sondern warum wir etwas tun!

Wenn Sie sich mit dem Zukunftsbild beschäftigen, dann sollten Sie sich intensiv mit dem **Warum** beschäftigen, denn das setzt die Energien frei für die Transformation.

Reflexion

Nehmen Sie sich jetzt Zeit und setzen Sie sich intensiv mit den nachfolgenden Fragen auseinander, die Sie anregen sollen, die Transformation aus unterschiedlichen Blickwinkeln zu betrachten.

Was genau wollen wir als Organisation erreichen, was ist unsere Vision, was sind unsere Ziele?

- Was wollen wir mit der Transformation für unsere Organisation erreichen?
  ....
- Was wollen wir in den nächsten Jahren erreichen?
  ....
- Wovon wollen wir weg? Was wollen wir nicht mehr?
  ....
- Was machen wir künftig anders?
  ....
- Was ist unsere Vision? Welches Zukunftsbild haben wir vom Unternehmen?
  ....
- Was sind unsere konkreten Ziele?
  ....

- Was sind unsere künftigen Produkte, Dienstleistungen, die Rolle der Organisation?
  ....

Wie wollen wir das Ziel erreichen? Das „**Wie**" beschreibt den Weg, wie das „**Was**" erreicht werden soll.

- Wie ist unsere Strategie?
  ....
- Auf welche Art soll das **„Was"** erreicht werden?
  ....
- **Wie** machen wir es künftig (anders)?
  ....
- Wie unterscheiden wir uns von anderen Unternehmen?
  ....

Das **Warum** schafft **Identifikation auf einer tiefen emotionalen Ebene** und definiert den Purpose (Sinn), Beweggrund, Glauben, den eine Organisation stiftet. Dies ist der Zweck der Existenz. Er setzt Energien frei und aktiviert die intrinsische Motivation.

1. Warum tun wir das, was wir tun?
   ....
2. Welche emotional ansprechende Botschaft wollen wir vermitteln?
   ....
3. Welchen Mehrwehrt bieten wir (dem Kunden, der Gesellschaft)?
   ....
4. Was sind unsere Werte, an was glauben wir, was ist wichtig in unserer Organisation?
   ....

Arbeitsblatt als Kopiervorlage im Download

Um ein gemeinsames Zukunftsbild herauszuarbeiten, verwenden Sie die W-Fragen aus der Reflexion als Leitfragen für einen Workshop mit Ihren Führungskräften und MitarbeiterInnen. Wir empfehlen Ihnen, mit der Visionsfrage **„Was"** zu beginnen und dann das **„Wie"** und zum Schluss das **„Warum"** auszuarbeiten. Dann gehen Sie nochmals andersherum vor und beginnen mit dem **„Warum"** und passen das **„Wie"** und das **„Was"** entsprechend an. Diese Vorgehensweise hilft Ihnen, Ihr Zielbild zu konkretisieren.

Tipp

Starten Sie mit einer Kulturanalyse (siehe S. 142 f.) und überlegen Sie sich ganz genau, von wo sich Ihre Organisation weg und wohin sie sich entwickeln soll.

3.2 Die Menschen in der Transformation

3.2.1 Von der rationalen zur emotionalen Akzeptanz im Veränderungsprozess

Vielleicht kennen Sie Verhaltensweisen von KollegInnen, die Dinge tun, nur damit die Zahlen passen. Das kann eine vorgegebene Anzahl an Kundenterminen sein oder die Zahl der Angebote wird künstlich nach oben getrieben, nur damit am Monatsende die Kennzahl passt. Papier bzw. unsere digitalen Hilfsmittel sind geduldig, wenn wir in ein „totes" System etwas eintragen, was vom menschlichen System verlangt wird. Das ist weder kundenzentriert noch produktiv, die Wertschöpfung ist gleich null.

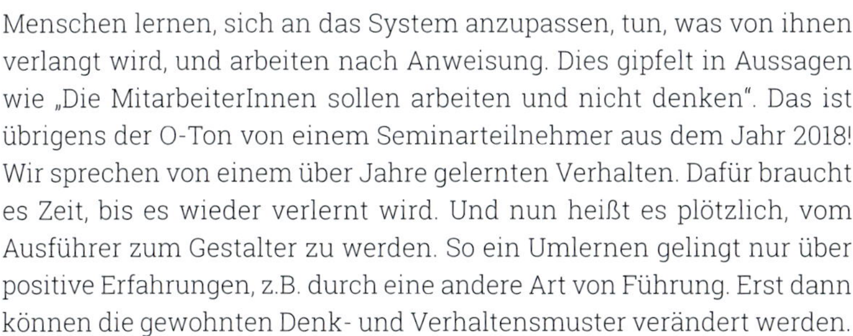

Menschen lernen, sich an das System anzupassen, tun, was von ihnen verlangt wird, und arbeiten nach Anweisung. Dies gipfelt in Aussagen wie „Die MitarbeiterInnen sollen arbeiten und nicht denken". Das ist übrigens der O-Ton von einem Seminarteilnehmer aus dem Jahr 2018! Wir sprechen von einem über Jahre gelernten Verhalten. Dafür braucht es Zeit, bis es wieder verlernt wird. Und nun heißt es plötzlich, vom Ausführer zum Gestalter zu werden. So ein Umlernen gelingt nur über positive Erfahrungen, z.B. durch eine andere Art von Führung. Erst dann können die gewohnten Denk- und Verhaltensmuster verändert werden.

Unser Gehirn ist eine Baustelle und es wird ständig umgebaut. Diese sogenannte Neuroplastizität kostet Energie und unser Gehirn versucht grundsätzlich, energiesparend zu arbeiten. Folglich wird bei jedem einströmenden Reiz nach bekannten Erfahrungen, Bildern oder Wissen aus der Vergangenheit gesucht und auf abgespeicherte Muster und bewährte Lösungen zurückgegriffen. Diese neuronalen Verbindungen verstärken sich, je häufiger sie benutzt werden. In der Transformation soll das Gehirn – und damit der Mensch – mit neuen Situationen zurechtkommen, auf die es bis jetzt noch keine Lösungen gibt.

Ein Beispiel: Stellen Sie sich vor, Sie arbeiten seit vielen Jahren mit einem Windows-Rechner und dem Office-Paket. Jetzt stellen Sie auf Apple um. Eine neue Welt. Eingeübte Tastenkombinationen gehen nicht mehr wie gewohnt, der Explorer heißt Finder und für manche Programme stehen nicht alle Funktionen wie gewohnt zur Verfügung. An die schöne funktionale Mouse und das Login per Fingerabdruck werden Sie sich schnell gewöhnen. Doch das Umstellen der lange gewohnten Handgriffe dauert. Noch schlimmer wäre es, wenn auch noch die Buchstaben auf der Tastatur anders belegt wären. Für Menschen, die mit dem 10-Finger-System schreiben, ein Alptraum.

Übrigens: Entwickelt hat das 10-Finger-System Christopher Latham Sholes im 19. Jahrhundert. Dabei war nicht die ergonomische Verteilung maßgeblich, sondern Sholes verteilte die Tasten so, dass häufig getippte Buchstaben nicht nebeneinander liegen, damit sich die Typenhebel der damaligen Schreibmaschine beim schnellen Schreiben nicht verhaken. Er schuf ein System, das heute noch als Standard gilt (mit minimalen Abweichungen bei internationalen Tastaturen).

Um die Menschen trotz Unsicherheit effizient in den Transformationsprozess zu begleiten, hilft das 7-Phasen-Modell von Prof. Richard K. Streich. Es stellt in sieben Stufen den Verlauf der emotionalen Reaktionen von Menschen bei Veränderungen dar und zeigt sich in den Unternehmen bei der Umstrukturierung bzw. Neuausrichtung immer wieder. Das Modell beschreibt sieben Stadien, welche die Menschen oftmals im Laufe des Prozesses durchleben (siehe Abb. 23, S. 95).

Im klassischen Change-Management geht der Veränderung die strategische Planungsphase voraus. Doch das ist nicht immer so: Erinnern Sie sich an Fukushima und den Atomausstieg der Bundesrepublik Deutschland? Stellen Sie sich vor, Ihr Unternehmen war auf den Bau von Atomkraftwerken in Deutschland ausgerichtet, dann müssen Sie quasi von heute auf morgen Ihr Geschäftsmodell ändern. Sie können sich vorstellen, was bei den MitarbeiterInnen passiert ist, als der Atomausstieg verkündet wurde: Überraschung und Schock. Oder denken Sie an eine schmerzhafte Trennung im privaten oder beruflichen Bereich, dann können Sie die Phasen der Veränderung gut nachvollziehen. Die

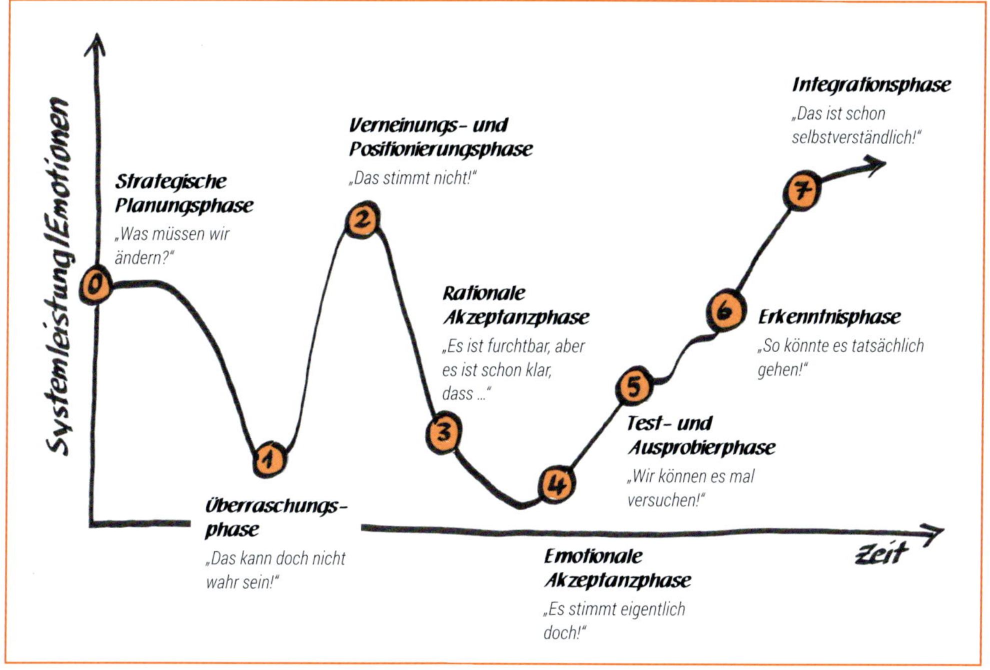

Abbildung 23: 7-Phasen-Modell nach Richard K. Streich

Phasen dienen dem Verständnis und sind nicht statisch. Wir erleben es bei Führungskräften, die mit uns zusammenarbeiten, dass dieses Modell hilft, ein Bewusstsein für die unterschiedlichen Wahrnehmungen und Befindlichkeiten zu entwickeln und dass so mehr Sensibilität entsteht.

Die sieben Phasen

1. Die erste Phase beginnt mit der **Überraschung**: MitarbeiterInnen sind von der Veränderung überfordert und stehen dieser fassungslos bis ungläubig gegenüber. Ihre Gefühlslage schwankt zwischen Unverständnis, Unsicherheit und Angst.

Das können Sie tun:

- Kommunizieren Sie alle Aspekte der Veränderungsbotschaft (siehe S. 150 ff.), sobald die Aufnahmefähigkeit Ihrer MitarbeiterInnen hergestellt ist.
- Überlegen Sie sich: Was könnte hilfreich sein? Was wird jetzt gebraucht?
- Zeigen Sie Verständnis für die emotionalen Reaktionen Ihrer MitarbeiterInnen.
- Äußern Sie auch eigene Gefühle und bleiben Sie in einem engen Austausch mit den Menschen.

2. Als Nächstes folgt die **Verneinung**. Besonders Menschen, die bevorzugt in eingespielten Prozessen und Routinen arbeiten, machen mobil und lehnen den Change bewusst ab. Schauen wir hinter die Kulissen, dann drückt sich Angst vor dem Verlust der vertrauten Zusammenarbeit und der gewohnten Arbeitsabläufe aus.

Das können Sie tun:

- Wiederholen Sie die Veränderungsbotschaft, insbesondere den Nutzen und die Vorteile.
- Zeigen Sie auch klar auf, dass die Transformation kommt, schaffen Sie Tatsachen.
- Zeigen Sie die negativen Konsequenzen auf und dass ein anderes Verhalten notwendig ist.

Am liebsten würden Unternehmen die Abkürzung nehmen, nämlich direkt von Phase 2 zu Phase 5 gehen, das funktioniert allerdings nur in den seltensten Fällen!

3. In der nächsten Phase kommt die **Einsicht, auch rationale Akzeptanz** genannt: Ein Bewusstsein entsteht, dass der geplante Change sich nicht vermeiden lässt. Durch aktuelle Marktveränderungen kann die Notwendigkeit der Transformation verdeutlicht werden. Diese rationale Akzeptanz schließt jedoch die Bereitschaft zur persönlichen Veränderung oftmals noch nicht mit ein: Wir haben es zwar kognitiv verstanden, aber noch nicht wirklich verinnerlicht.

Das können Sie tun:

- Akzeptieren Sie eine abnehmende Leistung (gravierendes Fehlverhalten ist damit nicht gemeint).
- Reflektieren Sie gemeinsam die Auswirkungen und fördern Sie die persönliche Auseinandersetzung mit der Transformation.
- Bringen Sie die Betroffenen in die Emotion: Verluste wahrnehmen (Aufgaben, Menschen, Umfeld).
- Würdigen Sie über eine Symbolik oder ein Ritual das Vergangene: verabschieden, loslassen, begraben.

4. Den Wendepunkt im 7-Phasen-Modell bildet die **emotionale Akzeptanz**. Dieser entscheidende Schritt zeichnet sich deutlich durch das Verlassen alter Verhaltensweisen aus und ebnet den Weg für den anschließenden Lernprozess. Die innere Verweigerung löst sich auf und ermöglicht die Neuorientierung. Achtung: Ausstiegsrisiko!

Das können Sie tun:

- Wecken Sie das Interesse an Neuem und kommunizieren Sie regelmäßig die Quick Wins (siehe S. 149 f.).
- Zeigen Sie die „inneren und äußeren" Bewältigungsressourcen auf: Kompetenzen, Zeit, interne und externe Unterstützung.

- Vermitteln Sie Vertrauen in die Transformation.
- Lassen Sie Emotionen zu, diese sind wichtig und richtig.
- Akzeptieren Sie die niedrigere oder fehlende Leistungsfähigkeit.
- Laden Sie regelmäßig zum Dialog ein.

5. Die nächste Phase ist vor allem durch Neugierde und das **Ausprobieren** neuer Verhaltensweisen geprägt. Nach dem Prinzip von „Versuch und Irrtum" gilt es, aus Erfahrungen zu lernen.

Das können Sie tun:

- Fehler sind erlaubt und wichtig im Veränderungsprozess. Sprechen Sie regelmäßig auch ganz offen über Ihre eigenen Fehler.
- Schaffen Sie einen „Schutzraum" zum Ausprobieren.
- Drehen Sie Feedback-Schleifen, um aus Fehlern zu lernen. Bieten Sie Retrospektiven an und reflektieren Sie gemeinsam.
- Entwickeln Sie geeignete Personalentwicklungsmaßnahmen.
- Lernen Sie, heiter zu scheitern!

6. Ganz im Sinne des Lernprozesses setzt schließlich die **Erkenntnis** ein, warum bestimmte Verhaltensweisen erfolgreich sind und andere nicht. Die MitarbeiterInnen haben ihre Kompetenzen erweitert und erkennen, dass die Transformation positiv wirkt.

Das können Sie tun:

- Reflexion des inhaltlichen und persönlichen Veränderungsprozesses.
- Betrachten Sie die Lessons Learned gemeinsam und ermutigen Sie Ihre MitarbeiterInnen immer wieder.
- Kommunizieren Sie zeitnah und regelmäßig über Lernfelder und Erfolge.

7. Nun geht es um die **Integration** der neuen Struktur in den Arbeitsalltag. Mit diesem Schritt ist das finale Ziel erreicht. Deutlich wahrzunehmen ist, dass die MitarbeiterInnen wieder selbstbewusster an die Aufgaben rangehen. Das ist meist mit einer Leistungssteigerung verbunden.

Das können Sie tun:

- Machen Sie die Erfolge bewusst und transparent – und im Idealfall erlebbar.
- Feiern Sie die Erfolge, auch die kleinen Highlights, denn in Zeiten von Digitalisierung & Co. wird die Anpassungsfähigkeit an den Markt zur Routine werden.

Aus unserer Erfahrung ist der Übergang von der rationalen zur emotionalen Akzeptanzphase die größte Hürde. Denn rein kognitiv verstehen wir oftmals relativ schnell, dass eine Veränderung wichtig und notwendig ist. Bis wir emotional dazu bereit sind, vergeht häufig eine lange Zeit. Denn der Schritt, gewohnte Verhaltensmuster zu verändern, braucht die emotionale Akzeptanz. Wenn Vertrauen aufgebaut und eine gute Fehler- und Lernkultur möglich ist, können die MitarbeiterInnen mit einer gewissen Unsicherheit umgehen bzw. diese aushalten. So kommen die Menschen ins Tun.

Ist die Transformation emotional akzeptiert, dann kann man rein umgangssprachlich auch sagen: „Der Knoten ist geplatzt."

Erkenntnisse der Gehirnforschung zeigen, dass es schon reicht, wenn Menschen hören, wie von einer Handlung gesprochen wird, um die Spiegelneuronen in Resonanz treten zu lassen. Gespeicherte Handlungsprogramme werden alleine durch Beobachtung und Vorstellung aktiviert. Dies beeinflusst natürlich auch die Emotionen. Wenn Sie selbst Angst haben, überträgt sich das auf Ihre MitarbeiterInnen. Deshalb sollten Sie gut mit Ihren Emotionen umgehen, Befürchtungen äußern, anstatt das Pokerface aufzusetzen. Das macht Sie glaubwürdig und baut Vertrauen auf.

Die geforderte Veränderung der inneren Haltung ist rein kognitiv nicht zu bewältigen. Sie erinnern sich vielleicht an die Aussage des Gehirnforschers Gerald Hüther, der sagt, wir haben kein Wissens- sondern ein Umsetzungsproblem. Um vom Wissen ins Umsetzen zu kommen, brauchen wir die emotionale Beteiligung. Ohne Emotion auch keine Motivation. Oder: „Wer denken will, muss fühlen."

Mini-Intervention – schnelle Bestandsaufnahme

Laden Sie Ihr Team zu einer schnellen Bestandsaufnahme ein. Wo befinden sich die einzelnen MitarbeiterInnen auf der Veränderungskurve? Lassen Sie jede/n MitarbeiterIn die Kurve auf ein weißes Blatt Papier zeichnen. Jeder vermerkt mittels Kreuz, Smiley oder Kringel, wo er oder sie sich gerade gefühlt auf der Kurve befindet. Sammeln Sie die Blätter ein (anonym) und übertragen Sie das Ergebnis auf ein Flipchart. So bekommen Sie ein schnelles Stimmungsbild und können Ihr Führungsverhalten entsprechend anpassen. Idealerweise nehmen Sie sich jetzt Zeit und regen einen Dialog an, in dem jeder seine Einschätzung selbst beschreiben kann. So können Sie ganz konkret herausarbeiten, was der/die Einzelne braucht, um sich einbringen zu können.

3.2.2 Mit Emotionen umgehen

Wie gehen Sie mit unangenehmen Emotionen um? Bei Wut, Trauer und Zorn ist das für viele Menschen schwierig. Auf der einen Seite bergen sie erhöhtes Konfliktpotenzial und auf der anderen Seite sind sie wichtig, um die Entwicklungsprozesse voranzubringen.

Positive Emotionen zu zeigen, fällt vielen Menschen leicht. Von Freude, Spaß, Begeisterung, Ausgelassenheit und Glücksgefühlen lassen wir uns gerne anstecken. Doch über Unsicherheit, Angst und Trauer sprechen wir deutlich seltener – wir verdrängen lieber, denn nicht jeder hat es gelernt, mit diesen Emotionen umzugehen. Ihnen wird aus dem Weg gegangen und im Businesskontext heißt es dann: „Lasst uns bitte sachlich bleiben."

Ein Transformationsprozess, der die vermeintlich negativen Gefühle außer Acht lässt, ist kaum umzusetzen. Denn nur weil sie ignoriert werden, sind die Emotionen ja nicht weg. Im Gegenteil, unter der Oberfläche glimmen sie wie Glutnester, bis irgendwann – durch eine unachtsame Aktion – ein Flächenbrand entsteht. Negative Gefühle wiegen schwerer als positive und sind auch in der Wahrnehmung meist stärker repräsentiert. Deshalb überwuchern sie schnell positives Empfinden.

Ein Gefühl ist erst einmal wertneutral zu sehen. Es ist ein wichtiges Signal und weist auf unsere Bedürfnisse hin. Sind wir zum Beispiel ängstlich, brauchen wir Sicherheit. Fühlen wir uns einsam, dann suchen wir nach Austausch und die Gesellschaft mit anderen Menschen. Die Trauer hilft uns, Abschied zu nehmen, loszulassen und den Schmerz zu verarbeiten. Wenn wir diese Gefühle unterdrücken, dann können wir wichtige persönliche Entwicklungsschritte nicht gehen. Ein schönes Beispiel, wie ein Unternehmen Sicherheit geben kann, hat Purps-Pardigol in seinem Buch „Digitalisieren mit Hirn" beschrieben. In der digitalen Transformation hat die Geschäftsführung der Hamburger Hafen Logistik AG mit ihren MitarbeiterInnen einen neuen Tarifvertrag abgeschlossen sowie eine Absichtserklärung gegeben: „Der ‚Zugewinn' der Digitalisierung wird zu gleichen Teilen zwischen Unternehmen und Mitarbeitenden aufgeteilt."

Gerade Trauer und Ängste, auch wenn sie nicht offen angesprochen werden, spielen in Veränderungsprojekten eine große Rolle. Bei der Trauer geht es darum, sich von lieb gewonnenen Gewohnheiten, bisher erfolgreichen Strategien und Vertrautem zu trennen. Und es kann bedeuten, Macht aufzugeben. Das Entstehen der Gefühle hängt mit den ganz individuellen Bewertungen eines Menschen, seinen gemachten

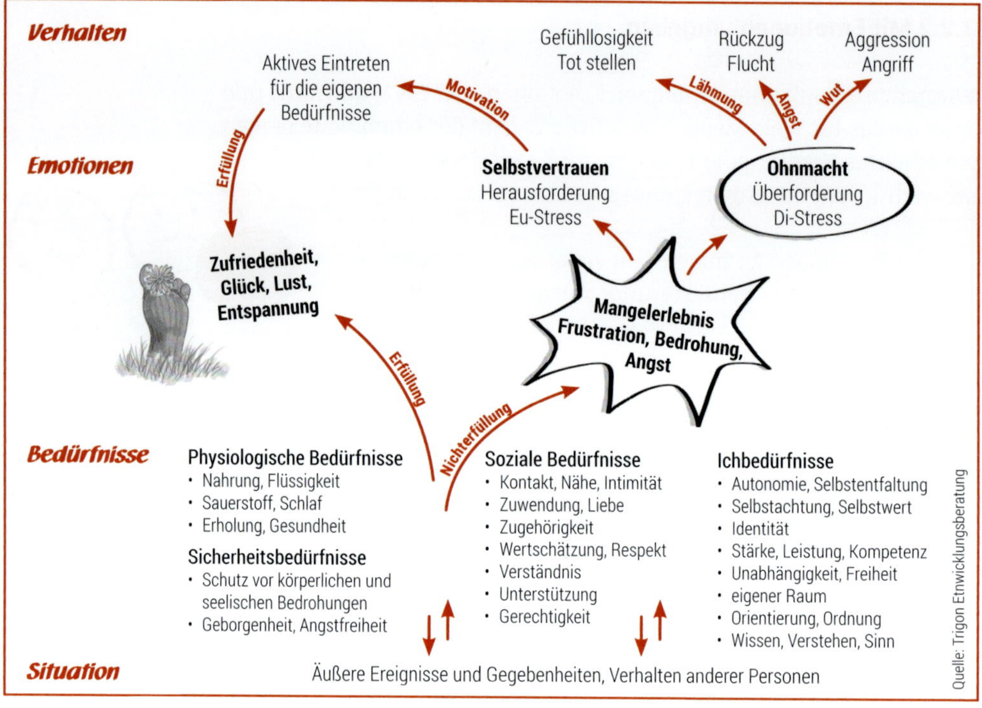

Abbildung 24: Bedürfnisse und ihr Einfluss auf Emotionen und Verhalten

Erfahrungen, gelerntem Verhalten, den eigenen Werten und der Persönlichkeitsstruktur zusammen. Deshalb ist die gefühlte Angst ein ganz subjektives Erleben. Außerdem ist ein gesundes Maß an Angst normal, wenn wir noch nicht wissen, was auf uns zukommt. Oder würden Sie ohne Guide in der Wüste übernachten?

Untersuchungen zeigen, dass die meisten Menschen eher Angst haben, etwas zu verlieren bzw. etwas Bekanntes aufzugeben, als unbekannte neue Wege zu gehen. Die Unsicherheit, was auf einen zukommt und wie es in der Zukunft werden wird, ist eines der großen Hindernisse – egal ob im Unternehmenskontext oder im privaten Umfeld. Gleichzeitig zeigt die neue Arbeitswelt in ihrer Komplexität, dass es keine Beherrschbarkeit gibt und wir lernen dürfen – oder müssen –, wie wir mit Unsicherheiten umgehen und sie aushalten können.

Die Schritte der konstruktiven Kommunikation

Wenn Ihr Team merkt, dass Sie Ihre Gefühle äußern, ermutigt das auch Ihre MitarbeiterInnen, offener damit zu sein. Gehen Sie auf die individuellen Bedürfnisse ein, die hinter den Emotionen stehen. Fragen Sie nach den Interessen und Werten, die mit der Gefühlswelt der Personen verbunden sind. Suchen Sie den Dialog, führen Sie Einzelgespräche und greifen Sie das Thema in Teammeetings auf. Der wertschätzende und achtsame Umgang mit Emotionen trägt dazu bei, dass die gegenseitigen Beziehungen wachsen können. Die Schritte der konstruktiven Kommunikation nach Glasl können Sie als Selbstreflexionsmodell nutzen.

Selbstmanagement		Beziehungsmanagement
Meine Wahrnehmung schildern	**Wahrnehmen**	Die Sicht der anderen verstehen wollen
Ohne Urteile	**Denken**	Nicht provozieren lassen, hineinhören
Eigene Gefühle spüren, in „Ich-Botschaften" ausdrücken	**Fühlen**	In Gefühle anderer einfühlen und sie erfragen
Eigene Bedürfnisse aussprechen	**Wollen**	Bedürfnisse anderer erspüren und erfragen
Bitten formulieren, Handlungen erfragen, selbst Handlungsangebot machen	**Handeln**	Handlungen anderer erfragen, verhandeln

Abbildung 25: Die Schritte der konstruktiven Kommunikation nach F. Glasl

Lernen Sie so zu unterscheiden, was Ihre Wahrnehmungen, Gefühle und Bedürfnisse sind, und was die Sichtweisen und Gefühle Ihres Gegenübers, Ihrer MitarbeiterInnen, Ihres Teams ausmacht. Behalten Sie die emotionalen Reaktionen im Blick. Eine Transformation wird von den Menschen in den Organisationen oft als großer Umbruch erlebt und ist vergleichbar mit den Reaktionen in Krisen.

Gefühle und Bedürfnisse im Team auf eine konkrete Handlungsebene bringen – so geht's

1. Sammeln Sie gemeinsam, welche Gefühle Ihr Team bewegen: z.B. Unsicherheit, Angst, Hilflosigkeit, Wut, Frustration, Ohnmacht, Trauer.
2. Erarbeiten Sie die dahinterliegenden Bedürfnisse: z.B. Sicherheit, Unterstützung, Geborgenheit, Wertschätzung, Klarheit, Gestaltung.
3. Gehen Sie nun mit Ihrem Team die folgenden Fragen durch und finden Sie mögliche Ansatzpunkte für das Bearbeiten der belastenden Gefühle und das Vorankommen in der Transformation:
   - Wie können wir im Team Geborgenheit und ein Gefühl von Schutz entstehen lassen?

- Wie können wir uns in einen ressourcenvollen Zustand versetzen und den Prozess mitgestalten?
- Wie können wir uns gegenseitig unterstützen?
- Wie verschaffen wir uns mehr Klarheit und Transparenz?
- Wie können wir Wertschätzung und Anerkennung erhalten?

Wenn Sie sich intensiver mit dem Thema Selbstregulation beschäftigen wollen, empfehlen wir Ihnen dieses Buch: Renate Freisler/Katrin Greßer (2018): Leadership-Kompetenz Selbstregulation. managerSeminare, Bonn.

Tipps für den Alltag

- Nehmen Sie Ängste und Sorgen von Ihren MitarbeiterInnen/KollegInnen ernst, auch wenn Sie diese nicht teilen.
- Entlarven Sie Verallgemeinerungen und rücken Sie Übertreibungen ins rechte Maß. Stellen Sie negative Gedanken infrage und nehmen Sie einen Realitäts-Check vor.
- Stoppen Sie endlose Diskussionsschleifen und lenken Sie die Aufmerksamkeit in Richtung Lösung.
- Argumentieren Sie wie ein guter Anwalt, der Tatsachen überprüft und Fakten analysiert.
- Finden Sie Ersatz für Klatsch, Sarkasmus und Zynismus. Verbale Gewalt kann zwar Aufmerksamkeit erzeugen, hat jedoch ihren Preis. Versteckte verbale Aggressionen erzeugen Schuldgefühle, Verärgerung oder Demütigung und sind nicht hilfreich.
- Heben Sie positive Eigenschaften Ihrer Mitmenschen hervor und konzentrieren Sie sich mehr auf die Stärken als auf die Schwächen.
- Geben Sie negativen Grundeinstellungen nicht weitere Nahrung. Identifizieren Sie destruktive Verhaltensweisen, sei es durch unbewusste Reaktionen, Worte oder Vermutungen. Fokussieren Sie sich auf die gute Zukunft.

Nutzen Sie das Stimmungsbarometer, um Emotionen transparent zu machen – Anleitung im Download.

Ein Aspekt, der im Transformationsprozess immer wieder übersehen wird, ist das Thema „Neid". In Unternehmen, in denen sich bereits selbstorganisierte Teams gebildet haben, werden diese oftmals sehr genau von anderen Organisationseinheiten, die noch in den alten Strukturen arbeiten, beobachtet. Aussagen wie „Die organisieren sich selbst, jeder zieht sich seine Aufgaben" oder „Die können kommen und gehen, wann sie wollen" sind zu hören. Gerade dort, wo selbstorganisierte Zusammenarbeit gut funktioniert, besteht die Gefahr der Lagerbildung. Wenn

Sie solche Tendenzen erkennen, wirken Sie darauf ein. Überlegen Sie, wie Sie das Interesse für die selbstorganisierte Zusammenarbeit konstruktiv nutzen können. Bieten Sie Patenschaften, Schnupperbesuche in anderen Teams, Mini-Events (z.B. einmal im Monat gemeinsames Frühstücken oder Lunchen) oder Ähnliches an. Ein offener Austausch zwischen den verschiedenen Teams fördert das gegenseitige Verständnis und kann Neid in konstruktives Miteinander verwandeln.

Mit Distanz zur Akzeptanz

Für feinfühlige Menschen sind fremde Emotionen eine große Herausforderung. Sie spüren schon die leiseste Stimmungsveränderung und saugen sie auf wie ein Schwamm. Dies kann viel Energie im täglichen Miteinander kosten. Gleichzeitig haben diese Menschen eine hohe Empathiefähigkeit. Fluch und Segen liegen dicht beieinander. Besonders wichtig ist es für diese Menschen, sich ihrer eigenen Emotionen bewusst zu werden und sich von den Emotionen anderer abzugrenzen.

- Entschärfen Sie negative Emotionen, indem Sie sich nur auf diesen Augenblick fokussieren.
- Lassen Sie das Gefühl zu und spüren in sich hinein, wie es sich anfühlt.
- Beschreiben Sie das Gefühl möglichst genau. Wenn Sie möchten, notieren Sie sich dies in Stichworten.
- Distanzieren Sie sich, indem Sie die aktuellen Geschehnisse neutral aus einer Beobachterperspektive aus einiger Entfernung betrachten.
- Setzen Sie verschiedene Brillen auf: die Kundenbrille, die Wettbewerbsbrille, die Bewerberbrille. Blicken Sie aus diesen Perspektiven auf die aktuelle Situation.
- Nutzen Sie die Sichtweise eines Mentors/guten Freundes. Wie würde er/sie das Ganze betrachten?

Sicher fallen Ihnen noch andere Perspektivwechsel ein, seien Sie kreativ. Es geht darum, hemmende Kräfte bewusst zu machen und förderliche Kräfte zu aktivieren – und zwar bei Ihnen persönlich als auch in Ihrem Team/Unternehmen.

Empathie und Distanz

Trainieren Sie auch Ihre emotionale Intelligenz. Sie brauchen sowohl Einfühlungsvermögen als auch die Fähigkeit, sich distanzieren zu können. Denn die eigenen Emotionen von denen der anderen zu unterscheiden, hilft bei der persönlichen Klarheit im Dschungel der Transformation. Kochen die eigenen Emotionen hoch, geht es darum, sich selbst zu beruhigen. Sind die Gemüter der anderen erhitzt, brauchen Sie ein kühlendes Element, das aus einer distanzierteren Perspektive die Wogen glättet.

3.2.3 Der Change beginnt bei mir

In unserer Arbeit mit Führungskräften erleben wir es häufig, dass das Top-Management bzw. die Geschäftsführung eine neue Vision formuliert, z.B. die agile Transformation ausruft und dass ab sofort nach agilen Prinzipien zusammengearbeitet werden soll. Uns kommt es manchmal so vor, dass damit die Verantwortung an die MitarbeiterInnen abgegeben wird, denn die oberste Führungsebene selbst hält an den klassischen Management-Instrumenten, an Budgetplanungen, an Hierarchien und an ihrem „Chefparkplatz" fest. Das wird natürlich sofort beobachtet und entlarvt. Die Reaktionen sind bekannt: „Warum sollen wir etwas ändern, unser Management macht es ja auch nicht."

Wir Menschen sind „Gewohnheitstiere" – und deshalb ist es einfacher, andere verändern zu wollen, als bei sich selbst damit zu beginnen.

Menschen lassen sich inspirieren, wenn sie die Veränderung erleben. Und das kann nur funktionieren, wenn das obere Management die Zusammenarbeit nach agilen Prinzipien vorlebt. Das heißt beispielsweise, dass die Aktivitäten und auch die Unternehmenszahlen transparent kommuniziert und für alle sichtbar an einem Board visualisiert werden. Ebenso wird regelmäßig und zeitnah vollständig über einen Vorstandsblog informiert. Siloartiges Denken und Informationsströme „von oben nach unten" werden aufgebrochen und das Management geht mit gutem Beispiel voran. In Bezug auf das erlebte Systemklima stärkt das die Glaubwürdigkeit in die Veränderung und gibt Sicherheit durch Transparenz.

Kurz-Reflexion

- Was genau können Sie anders machen, um Ihre MitarbeiterInnen für die Transformation zu begeistern?

  ………

- Wie können Sie eine positive Haltung fördern?

  ………

Neues Denken lernen

Denken Sie zurück an die Pinguine und an ihre bestehende Überzeugung, dass Pinguine ihre Nahrung nur mit ihren eigenen Kindern teilen sollten und nicht mit anderen Erwachsenen. Diese Überzeugung konnten sie verändern, als die Kundschafter als „Helden" geehrt wurden. Es fand ein Umdenkprozess statt. Jeder Pinguin konnte einen Beitrag zum Erfolg der Vision leisten, indem er Fische für die Kundschafter fing.

Um neues Denken zu lernen, brauchen wir die Bereitschaft und die Fähigkeiten, uns mit Unbekanntem auseinanderzusetzen und bisherige Erkenntnisse zu hinterfragen. Für Organisationen heißt neues Denken, sich auf die Kunden und vor allem auf den Markt zu fokussieren, statt darauf zu warten, was das Top-Management vorgibt (siehe Abb. 26). Hierzu ein paar Beispiele ...

Abbildung 26: Neues Denken hat den Markt, nicht den Vorgesetzten im Fokus.

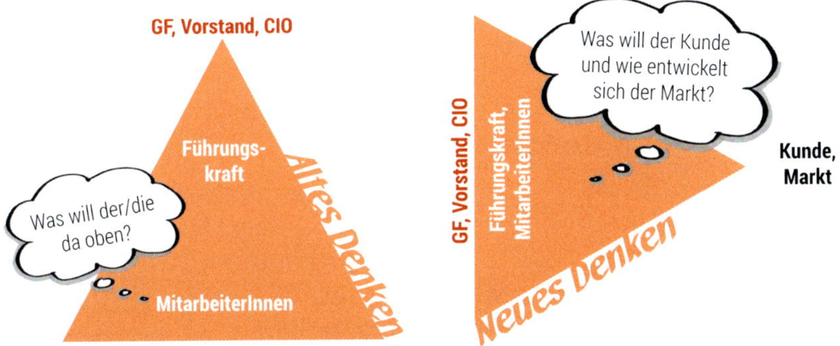

„Wir müssen einen Fluss überqueren."

Bisher: „Baut eine Brücke." ▶ **Leadership: „Findet eine gute Lösung."**

In der gelebten Führungspraxis gibt die Führungskraft die Lösung vor. „Wir müssen den Fluss überqueren. Baut eine Brücke." In Zeiten des New Leadership mit einem agilen Mindset heißt es hingegen: „Wir müssen den Fluss überqueren. Findet eine Lösung." Vielleicht ist die Lösung dann eine Brücke, ein Tunnel, eine Autofähre – oder ist die Lösung sogar, darüberzufliegen?

Die Geschäftsführung von Spotify, dem digitaler Streaming-Dienst für Musik, Podcasts und Videos gibt nur noch die großen Ziele und Leitlinien vor. Die konkreten Lösungen werden eigenständig von den Squads (Miniteams) erarbeitet – ganz nach dem Motto: „Wenn du wissen willst, wer Entscheidungen trifft, bist du bei Spotify falsch." Eingebunden ins große Ganze, aber eigenständig bei der Umsetzung: Das ist das Erfolgsgeheimnis des Spotify-Modells, das so ähnlich auch bei der Telekom umgesetzt wird.

„Ich muss immer eine Antwort haben."

▶ **Leadership: „Nein, stellen Sie Ihren MitarbeiterInnen Fragen."**

Im Alltag hält sich hartnäckig der Glaube, die Arbeit sei gut organisiert, wenn die Führungskraft auf alles eine Antwort hat. Das wird in Zeiten von Komplexität immer schwieriger, wenn Ursache und Wirkung nicht mehr klar bestimmt werden können. Um die Probleme oder Bedürfnisse des Menschen zu erkennen, sollten wir Fragen stellen! Wer selbst redet, erfährt nichts!

„Stellen Sie den Mitarbeitern Fragen. Geben Sie keine Antworten. Wenn Sie Antworten geben, dann stoppen Sie bei den Mitarbeitern die Suche nach einer Lösung. Die geben Ihnen dann noch die Verantwortung für das, was geschieht, und sagen vorwurfsvoll: Sie haben es so gewollt!" – so sagt es Götz Werner, Gründer und Inhaber der Drogeriemarkt-Kette dm.

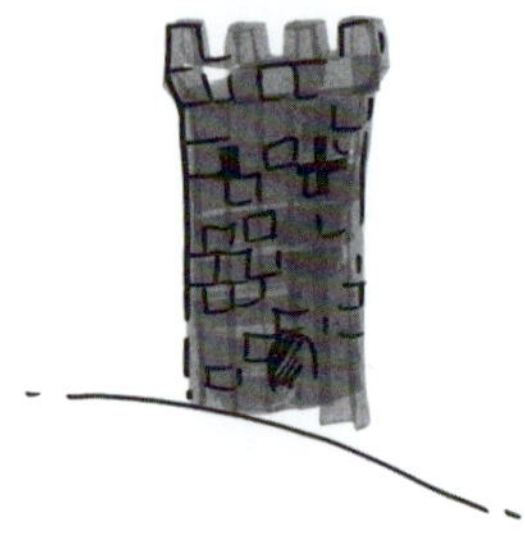

„Ich kann nicht, weil ..."

▶ **Leadership: „Auch aus Steinen, die einem in den Weg gelegt werden, kann man etwas Schönes bauen."**

Ich kann nicht, weil ... ich noch schnell etwas anderes machen muss, ... weil mir die Hände gebunden sind, ... weil unsere Mitarbeiter da nicht mitmachen, ... weil unser Big Boss mitreden will, ...weil wir kein Budget haben, ... weil ich keine Zeit habe, ... weil wir noch auf den Input von xyz warten, ... weil wir unsere Quartalszahlen noch nicht erreicht haben, ... weil wir einen neuen Chef haben, ... weil wir das schon immer so gemacht haben.

Im Unternehmen wird es immer Einflüsse und Abläufe, Strukturen und Menschen geben, die gegen Sie wirken und arbeiten. Eine Veränderung im Denken und Handeln ist kein Sprint, sondern ein Langstreckenlauf. Nichts zu tun, weil irgendetwas Sie hindert, und abzuwarten, ist die wohl schlechteste Option – dann findet Zukunft ohne Ihr Zutun statt und damit wahrscheinlich anders, als Sie es gerne hätten. Deshalb: Seien Sie Gestalter Ihres Umfeldes, Ihrer Beziehungen.

„Ich kenne die Ursache und suche den Verursacher ..."

▶ **Leadership: „Leben Sie glückliche Beziehungen im Führungsalltag, das fördert ein gutes Systemklima und wirkt sich unmittelbar auf den Unternehmensalltag aus."**

Altes Denken sucht nach Ursachen, nach Verursachern, nach Schuldigen. Neues Denken orientiert sich an den Wirkungen aus dem eigenen Handeln. Deshalb: Leben Sie glückliche Beziehungen im Führungsalltag, das fördert ein gutes Systemklima und wirkt sich unmittelbar auf den Unternehmenserfolg aus.

Das traditionelle Management geht davon aus, dass es immer einen Grund, also ein **Warum** für eine Wirkung gibt und dass man nur diesen beeinflussen muss, um eine andere Wirkung zu erzielen. Nicht immer brauchen wir Ursachen und oder gar einen Verursacher, um etwas zu verändern. Orientieren Sie Ihr Handeln an den **Wirkungen**. Was passiert und **wie ich reagiere**, das ist entscheidend.

> Erfolgreich ist das beste Team, nicht der beste Einzelkämpfer.
> Auf lange Sicht schlägt das Team den Einzelspieler.

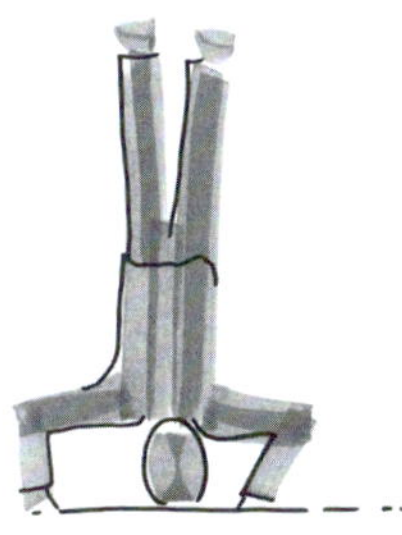

Denken Sie in Sowohl-als-auch statt in Entweder-oder.

Zwölf Möglichkeiten, um neues Denken zu lernen

1. **Erkennen Sie Ihre Muster.** Um überhaupt in eine neue Richtung denken zu können, brauchen Sie ein Bewusstsein dafür. Beobachten Sie Ihre Denkweisen und Ihr Verhalten. Identifizieren Sie Situationen, in denen Sie nach bekannten Mustern reagiert haben, obwohl diese nicht mehr zeitgemäß sind.
2. **Finden Sie den positiven Aspekt.** Machen Sie sich bewusst, was das Gute an den bisherigen Denkmustern war und weshalb Sie diese vielleicht noch aufrechterhalten.
3. **Fahren Sie ein Denk-Update.** Finden Sie neue Denkalternativen, indem Sie Perspektiven wechseln. Fragen Sie sich, wie jemand anderes (z.B. ein Vorbild, ein Visionär oder ein Außerirdischer) darüber denken könnte.
4. **Holen Sie sich Feedback ein.** Fragen Sie Ihre KollegInnen und MitarbeiterInnen, wie Sie von ihnen wahrgenommen werden.
5. **Nutzen Sie Ihr Umfeld als Spiegel.** Situationen, in denen Sie besonders emotional reagieren, sind Hinweise auf persönliche Triggerpunkte. Erkennen Sie Ihren eigenen Anteil.
6. **Erkennen Sie Wirkungen.** Nicht immer erzielen wir die Wirkung, die wir möchten. Reflektieren Sie regelmäßig, was Sie bei anderen bewirken und welche Resonanz Sie erzeugen.
7. **Lernen Sie „Als-ob"-Denken.** Experimentieren Sie mit Ihren Denkmustern. Probieren Sie aus, was sich verändert, wenn Sie so tun, als ob Sie eine neue Denkweise schon verinnerlicht hätten.
8. **Stellen Sie Ihr Denken auf den Kopf.** Überlegen Sie sich, was anders sein könnte, wenn Sie genau das Gegenteil denken würden. Eine Anleitung hierfür finden Sie auch im Download (Kopfstandmethode).

9. **Tun Sie etwas vollkommen Neues.** Überlegen Sie sich, was Sie bisher noch nie gemacht haben, aber schon immer einmal tun wollten. Lassen Sie sich auf diese neue Erfahrung ein.
10. **Erkennen Sie Ihre eigenen Widerstände.** Lassen Sie sich auf Ihren Entwicklungsprozess ein. Dazu gehört es, sich mit den persönlichen Blockaden und Hindernissen auseinanderzusetzen.
11. **Distanzieren Sie sich.** Lernen Sie die Fähigkeit, Situationen mit Distanz – aus einer beobachtenden Perspektive – zu betrachten. Das führt zu emotionaler Entlastung und aktiviert das Frontalhirn, in dem auch unsere Empathie sitzt.
12. **Entwickeln Sie eine innere Haltung, die ein flexibles Mind-Set fördert.** Denkstrukturen zu verändern, ist kein einmaliges Projekt, sondern ein Entwicklungsprozess – genauso wie die Transformation. Seien Sie offen dafür.

Suchen Sie sich ein oder zwei der oben genannten Möglichkeiten aus und probieren Sie, was für Sie passt. Sehen Sie das Ganze als Experimentierphase und reduzieren Sie Ihre Erwartungen. Es hat Jahre gedauert, bis Ihr Hirn gelernt hat, so zu denken, wie es heute denkt. Umbauprozesse brauchen ihre Zeit. Schaffen Sie für sich und andere hierfür einen guten, geschützten Rahmen, damit positive Erfahrungen entstehen. Denn das ist Dünger fürs Gehirn.

„We can change the brain by changing the mind."
– Prof. Dr. Richard Davidson –

Ein einfaches Beispiel verdeutlicht das: Stellen Sie sich vor, Sie laufen jeden Tag durch eine hochgewachsene Wiese. Die ersten Tage werden Sie kaum Ihre Spur vom Vortag wiederfinden. Doch bereits nach einer Woche gibt es eine schmale Spur durch die Wiese. Je häufiger Sie dort entlanggehen, desto breiter wird das Pfädchen werden. Und der alte Weg wächst langsam zu.

3.2.4 Das Fragen-Kreuz

Das Fragen-Kreuz ist eine einfache Methode, um eine konkrete Situation aus verschiedenen Perspektiven zu betrachten oder konkrete Überzeugungen zu bearbeiten (siehe Abb. 27). Es eignet sich sehr gut zur vertieften Selbstreflexion. Dabei werden zwei Dimensionen betrachtet:

1. **Die zeitliche Entwicklung – Geschichte und Ausblick:** Die Achse der zeitlichen Entwicklung beinhaltet vergangene Erlebnisse, Erfahrungen, mögliche Ursachen sowie Entwicklungen im weiteren Verlauf und die daraus entstehenden möglichen Konsequenzen.

2. **Inhaltliche Bewertung – Messkriterien/Fakten & Bedeutung/ Emotion:** Die inhaltliche Achse blickt auf Messkriterien, Fakten, Eigenheiten und Beschaffenheit sowie die Bedeutung des Themas mit einer emotionalen Komponente.

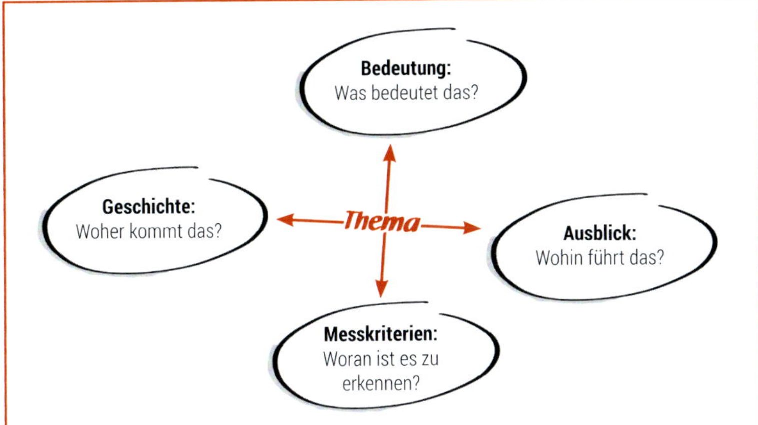

Abbildung 27:
Das Fragen-Kreuz

Arbeitsblatt zur Nutzung des Fragen-Kreuzes im Download

3.2.5 Hilfreiche Vorannahmen zur persönlichen Entwicklung als Führungskraft

In unserer täglichen Arbeit haben wir mit den unterschiedlichsten Menschen zu tun. Mit hoher Diversität im Denken, Handeln und in der Kommunikation steigen auch die Anforderungen. Für Sie als Führungskraft ist das wahrscheinlich ähnlich. Doch gerade Unterschiedlichkeit, Toleranz und die Wertschätzung des Besonderen im anderen machen ein gutes konstruktives Miteinander aus. Die folgenden Grundhaltungen sind bei einem coachiven Führungsstil (siehe auch Königsdisziplin Leadership, S. 120 ff.) essenziell. Vielleicht ist auch für Sie etwas dabei, was Sie im Umgang mit sich selbst und anderen Menschen unterstützt.

- **Jedes Verhalten hat eine positive Absicht.** Für jedes Verhalten gibt es einen Kontext, in dem es nützlich und sinnvoll sein kann. Jedes Verhalten bezweckt im Leben des Betreffenden eine positive Funktion, unabhängig von möglichen negativen Nebenwirkungen.

- **Wenn etwas nicht funktioniert, tue etwas anderes.** Reagieren Sie flexibel, wie es NLP-Vordenker Richard Bandler empfiehlt: „Wenn Sie immer das tun, was Sie schon immer getan haben, werden Sie immer das bekommen, was Sie schon immer bekommen haben. Wenn das, was Sie tun, nicht wirkt, tun Sie etwas anderes."

- **Menschen haben alle Ressourcen in sich**, die sie benötigen, um ihr Leben erfreulich zu gestalten und/oder zu verändern.

- **Jeder Mensch hat seine eigene Vorstellung von der Welt.** Wir nehmen die Welt, in der wir leben, auf unsere ganz eigene, persönliche und individuelle Weise wahr. Dadurch erschaffen wir so etwas wie unsere „eigene Welt" und unsere „eigene innere Landkarte". Wir alle haben verschiedene Vorstellungen. Keine dieser Vorstellungen stellt die Welt vollständig und akkurat dar. „Obwohl wir alle in der gleichen Umgebung leben, lebt jeder von uns in einer anderen Welt." (Arthur Schopenhauer – 1788-1860)

- **Es gibt keine richtigen oder falschen Modelle der Welt** – sondern lediglich solche, die hilfreich oder weniger hilfreich sind, unser Leben auf die Art und Weise zu gestalten, wie wir es uns wünschen. „Es gibt keine Wahrheit. Es gibt nur Wahrnehmung." (Gustave Flaubert, franz. Schriftsteller – 1821-1880)

- **Gehen Sie ziel- und lösungsorientiert vor**, anstatt ursachen- und problemorientiert.

- **Die Bedeutung der Kommunikation liegt in der Reaktion, die man erhält.** Bleibt die erwünschte Reaktion aus, so ist die eigene Botschaft nicht angekommen. Anstatt darauf negativ zu reagieren, ist es sinnvoll, das eigene Verhalten zu verändern.

„Der Mensch, der es unternimmt, andere zu bessern, verschwendet Zeit, wenn er nicht bei sich selbst beginnt."
– Ignatius von Loyola –

- **Man kann nicht nicht kommunizieren.** Auch wenn man nichts sagt, sendet man nonverbale Signale, auf die andere in irgendeiner Form reagieren.

3.2.6 Veränderungsbereit?

„Im Laufe der Zeit wurde immer deutlicher, dass es in unserer gegenwärtigen Gesellschaft nicht so sehr ein Erkenntnisproblem ist, das uns zu schaffen macht. Wir wissen längst, dass es so nicht weitergeht und dass wir etwas anders machen müssten. Aber es gelingt uns nicht. Nicht in Unternehmen und Organisationen, nicht in Schulen und in Krankenhäusern, geschweige denn in der Politik. Wir haben also ein Umsetzungsproblem. Ich suche seither nach dem Geheimnis des Gelingens und der Potenzialentfaltung. Was brauchen Menschen, um gemeinsam über sich hinauswachsen zu können?" – Prof. Dr. Gerald Hüther –

Die wenigsten von uns verändern sich radikal von heute auf morgen. Wir sprechen zwar darüber, dass wir etwas anderes tun „müssten“, bleiben dann aber in den Gewohnheiten hängen – beruflich wie privat. Oftmals sind es Krisen, Probleme oder Pleiten, die von außen auf uns einwirken, damit wir aktiv werden.

Mini-Check-up zu Ihrer persönlichen Veränderungsbereitschaft im Download

Eine Anekdote vorweg: 1927 wurde erstmals in einem Katalog der Firma Junghans eine Armbanduhr vorgestellt. In Fachkreisen wurde dies damals als ein „Modespleen“ abgetan, eine Uhr ausgerechnet an der unruhigsten und den größten Temperaturschwankungen ausgesetzten Körperstelle zu tragen. Die Trendexperten prophezeiten, dass die Armbanduhr nur eine relativ kurzfristige Modeerscheinung sei. Heute ist es kaum mehr vorstellbar, dass es eine Zeit gab, in der nicht ein flüchtiger Blick auf eine Armbanduhr genügte, um zu wissen, was die Stunde geschlagen hat.

Arbeitsblatt im Download

Wie schätzen Sie die Veränderungsbereitschaft Ihres Umfeldes ein?

Beschäftigen Sie sich jetzt gedanklich mit Ihrem Umfeld: Team, Abteilung, Bereichsleitung, Unternehmen. Schätzen Sie die Angst und die Lust auf den Change aus verschiedenen Perspektiven ein.

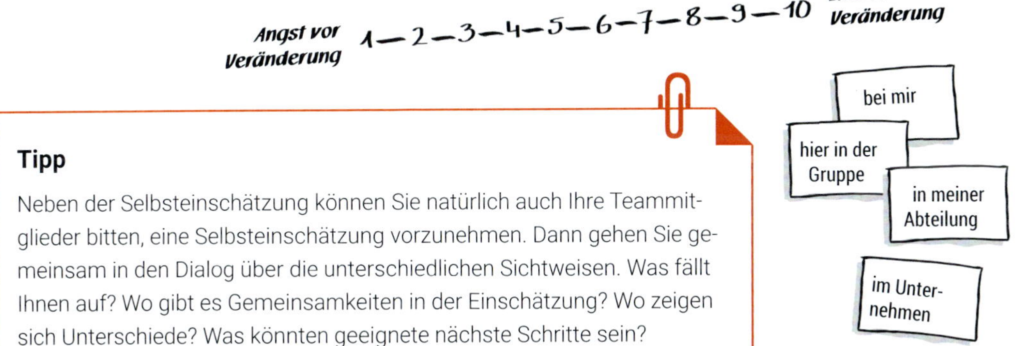

Tipp

Neben der Selbsteinschätzung können Sie natürlich auch Ihre Teammitglieder bitten, eine Selbsteinschätzung vorzunehmen. Dann gehen Sie gemeinsam in den Dialog über die unterschiedlichen Sichtweisen. Was fällt Ihnen auf? Wo gibt es Gemeinsamkeiten in der Einschätzung? Wo zeigen sich Unterschiede? Was könnten geeignete nächste Schritte sein?

Die Change-Fitness-Studie

Das von Mutaree ins Leben gerufene Forschungsprojekt Change-Evolution 2020 untersucht gemeinsam mit dem Institut für Entwicklung zukunftsfähiger Organisationen alle zwei Jahre die Change-Fitness von Unternehmen auf den drei Hierarchiestufen Unternehmensleitung, Führungskräfte und MitarbeiterInnen. Die Studie von 2018 zeigt, dass über die Hälfte der TeilnehmerInnen „zu viele Veränderungen“ als Grund für die fehlende Change-Fitness sehen.

Abbildung 28: Gründe für mangelnde „Change-Fitness"

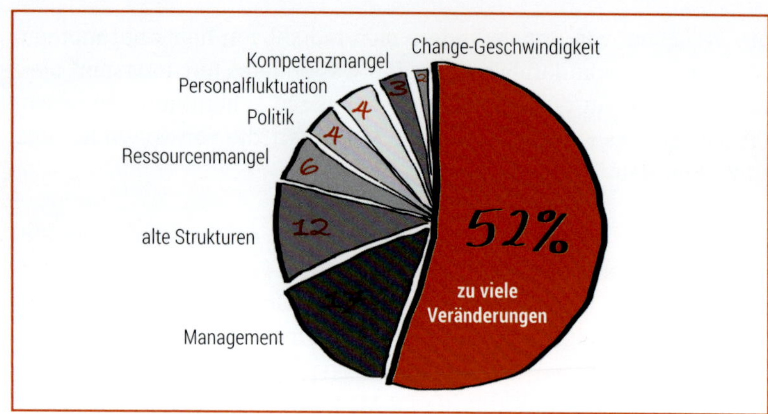

Quelle: Mutaree „Change-Fitness-Studie 2018"

Überprüfen Sie Ihre Veränderungsprojekte aus der Vergangenheit. Ist die Bereitschaft auf den Change im Keller, dann braucht es ein behutsameres oder anderes Vorgehen, als wenn die Teams einen ausgeprägten Veränderungswillen zeigen. Die Studie hat außerdem herausgearbeitet, dass das Commitment der Führungskräfte ein zentraler Faktor für den Erfolg ist. Denn sie sind „die Vermittler" zwischen Strategie und Umsetzung (operatives Geschäft). Deshalb lohnt es sich, in die Change-Fähigkeiten von Führungskräften und MitarbeiterInnen zu investieren, um die Transformation zu erreichen. Fehlt die Befähigung, wird das Veränderungsvorhaben erfolglos bleiben, so das Fazit der Studie.

3.2.7 Ohne Widerstand keine erfolgreiche Transformation

In der Akzeptanzmatrix in Abbildung 29 (siehe S. 113) wird zwischen vier Personengruppen unterschieden:

- **Die Promotoren:** Sie befürworten die Transformation und unterstützen den Veränderungsprozess. Sie fungieren als Multiplikatoren. Wenn Sie ihnen keine Aufmerksamkeit zukommen lassen, verschenken Sie wertvolles Potenzial. Nutzen Sie deshalb ihre positive Einstellung und bringen Sie die Promotoren mit MitarbeiterInnen zusammen, die Vorbehalte haben. So werden sie zu Fürsprechern. Um diese Personengruppe sollten Sie sich als Erstes kümmern.

- **Die Skeptiker:** Bei diesen Menschen geht es um sachliche Risiken. Sie zweifeln die Wirksamkeit an oder befürchten sogar, dass es schlechter werden könnte. Sie argumentieren mit Zahlen, Daten, Fakten. Schärfen Sie deren Problembewusstsein für die aktuelle Situation und vermitteln Sie, dass die Transformation notwendig ist. Prüfen Sie ihre Einwände. Wenn sie berechtigt sind, sollten Sie diese berücksichtigen. Wenn die Skeptiker merken, dass ihre Argumente zu guten Lösungen führen, können aus ihnen Promotoren werden.

- **Die Bremser:** Sie beschäftigt das persönliche Risiko, z.B. die Angst, den Arbeitsplatz zu verlieren. Häufig versuchen sie, diese Ängste mit Sachargumenten zu überspielen. Deshalb ist es gar nicht so einfach, die Bremser von den Skeptikern zu unterscheiden. Führen Sie Vier-Augen-Gespräche, um eine vertrauensvolle Atmosphäre zu schaffen, die Raum für Emotionen lässt. Zeigen Sie den persönlichen Nutzen auf und achten Sie auf deren Bedürfnisse. So kann zumindest etwas mehr gefühlte Sicherheit entstehen. Nehmen Sie sich ausreichend Zeit für einen regelmäßigen persönlichen Austausch, in dem die MitarbeiterInnen Fragen stellen können.

- **Die Widerständler:** Sie haben sowohl persönliche als auch sachliche Vorbehalte und lassen sich schwer überzeugen. Sie kämpfen – bisweilen aggressiv – um ihren Status quo. Oftmals machen sie schlechte Stimmung und versuchen, andere auf ihre Seite zu ziehen. Für sie ist ein hoher Überzeugungsaufwand nötig. Entweder verlassen sie das Unternehmen oder sie warten auf die ersten Erfolge. Quick Wins sind hier besonders wichtig. Behalten Sie aber im Blick, wie viel Energie Sie einsetzen wollen. Manchmal ist es besser, sich von den MitarbeiterInnen im Guten zu trennen, als einen ewigen Kampf zu führen.

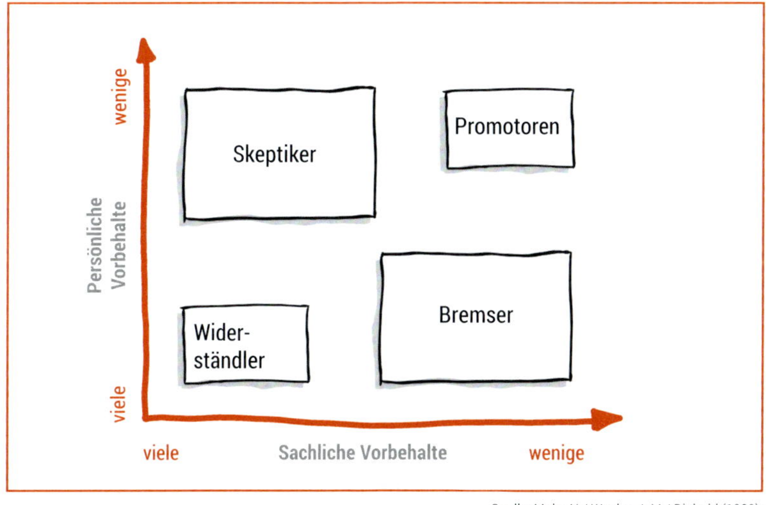

Abbildung 29: Personengruppen und ihre Haltung zu Veränderungen

Quelle: Mohr, N./ Woehe, J. M./ Diebold (1989): Widerstand erfolgreich managen. Frankfurt, Campus.

Wie entstehen Widerstände?

Widerstände entstehen häufig aus den schon beschriebenen Emotionen wie Unsicherheit, Angst oder dem Gefühl, ignoriert zu werden. Außerdem ist das Verbleiben im Gewohnten, auch wenn es nicht mehr passt, für viele Menschen immer noch leichter, als sich auf den Weg ins Ungewisse zu machen. Dass sich die menschliche Natur schon fast reflexartig der Veränderung widersetzt, ist kaum verwunderlich. Unser evolutionär entwickelter Schutzmechanismus im Gehirn reagiert automatisch auf Bedrohung und bewertet blitzschnell alle eintreffenden Reize nach den Dimensionen Gefahr oder Sicherheit, bekannt oder neu. Deshalb heißt es, beständig dranzubleiben und sich auf das zu fokussieren, was gelingt.

Jammern und anderen die Schuld geben ist leichter, als selbst etwas zu verbessern und Initiative zu ergreifen.

Die Digitalisierung bringt auch neue Aspekte von Kontrolle mit sich. Verhalten kann besser beobachtet und dokumentiert werden. Das widerspricht zwar dem Wert Vertrauen, doch gleichzeitig führt es zu mehr Transparenz. Und die will nicht jeder zeigen, auch wenn sie bei anderen eingefordert wird.

Typische Gründe für Widerstände sind:

- Es fehlen Informationen und Transparenz über den Veränderungsprozess.
- MitarbeiterInnen sehen für sich negative Konsequenzen durch die Transformation.
- Es wird der Sinn und das Ziel des Veränderungsprozesses nicht verstanden und erkannt.
- Fehlendes Vertrauen in die Botschaften der Führungskräfte und des Managements, insbesondere bezüglich des Ziels und des Vorgehens.
- Die MitarbeiterInnen haben in der Vergangenheit negative Erfahrungen mit Change gemacht.
- Die Betroffenen verfolgen Einzelinteressen (taktisch) bzw. gegensätzliche Zielsetzungen.
- Das bisher Geleistete wird nicht oder nur unzureichend gewürdigt.

Wahrscheinlich haben Sie verschiedene Aspekte des Widerstands schon selbst erlebt oder sind in Ihrem Unternehmen damit konfrontiert worden. Oft fühlt es sich wie der Kampf gegen Windmühlen an. Denken Sie noch mal an die Raupe und den Schmetterling im Kapitel 1.2. Wenn sich die neuen Zellen für die Transformation bilden, werden diese vom Immunsystem bekämpft. Erst wenn genügend neue Zellen vorhanden sind, kann die Transformation gelingen. Dabei ist Widerstand ein ganz normales und wichtiges Phänomen. Es gibt **drei Ebenen von Widerstand**, die sich in folgenden Aussagen beispielhaft zeigen:

1. „Ich verstehe nicht, was das soll."
   –> Konkretisieren Sie die Veränderungsbotschaft.
2. „Ich verstehe zwar, was das Ganze soll, aber ich sehe das anders."
   –> Prüfen Sie die Einwände und schärfen Sie Ihre Argumente.
3. „Ich verstehe, was das Ganze soll. Ich sehe auch, dass es grundsätzlich Sinn macht. Aber es widerspricht meinem Interesse."
   –> Integrieren Sie beide Interessen und entwickeln Sie Lösungsstrategien. Alternativ: Setzen Sie Ihre Interessen durch oder verzichten Sie auf die Veränderung.

Woran können Sie Widerstände erkennen?

Widerstände zeigen sich in verschiedenen Verhaltensweisen sowie in der Kommunikation. Es kann zwischen verbalem und nonverbalem sowie aktivem und passivem Widerstand unterschieden werden.

	verbal (Reden)	**nonverbal** (Verhalten)
aktiv (Angriff)	**Widerspruch** Gegenargumentation, Vorwürfe, Drohungen, Polemik, sturer Formalismus	**Aufregung** Unruhe, Streit, Intrigen, Gerüchte, Cliquenbildung
passiv (Flucht)	**Ausweichen** Schweigen, Bagatellisieren, Blödeln, ins Lächerliche ziehen, Unwichtiges debattieren	**Lustlosigkeit** Unaufmerksamkeit, Müdigkeit, Fernbleiben, innere Emigration, Krankheit

Quelle: Doppler, K./Lauterburg, Ch. (2008): Change Management. Campus, Frankfurt, S. 327.

Abbildung 30: Widerstand und seine Symptome

Typische Symptome:

- „Killerphrasen" sind an der Tagesordnung: „Das geht nicht!", „Das haben wir schon immer so gemacht.", „Alles viel zu praxisfremd."
- Dienst nach Vorschrift – Unlust breitet sich aus.
- Jammern und Klagen bis hin zu lautstarken Aggressionen sind zu hören – die Unzufriedenheit steigt, der Sinn der Veränderung wird nicht verstanden.
- Angst und Abwehr zeigt sich, „nur keine Fehler machen" – die MitarbeiterInnen sind unsicher und ratlos, Entscheidungsprozesse stocken.
- Konflikte im Team/Abteilung/Bereich – die MitarbeiterInnen sind verärgert, irritiert, enttäuscht.

- Das Engagement nimmt ab und ein deutliches Desinteresse („innere Kündigung") ist spürbar bis hin zum aktiven Stören des Change-Prozesses – Sabotage.
- Der Krankenstand nimmt zu und die Fluktuation steigt.

Die Folge daraus ist, dass sich die Veränderungsprozesse deutlich verlangsamen und oftmals auch scheitern.

> Wenn Ihre MitarbeiterInnen offen ansprechen, dass sie die Veränderung ablehnen, dann haben Sie etwas richtig gemacht, denn Ihre MitarbeiterInnen vertrauen Ihnen.

Was tun bei aktivem Widerstand?

Wie können Sie es schaffen, die Betroffenen zu überzeugen, hinter dem Change zu stehen? Eine reine Information ist meistens nicht ausreichend. Besonders kritisch wird es, wenn Ablehnung in aktiven Widerstand umschlägt.

Wandeln Sie die Widerstände, indem Sie deutlich Ihre Meinung zur Transformation formulieren und achten Sie bei den Menschen auf ihre Bedürfnisse. Was brauchen sie? Welche Sorgen und Ängste haben sie? Geben Sie darauf schlüssige Antworten. So fordern Sie den aktiven Austausch heraus. Durch die Diskussion und den regelmäßigen Dialog können neue Einsichten gewonnen werden, Dinge klären sich und der Widerstand kann sich auflösen. Die Energie steht wieder für die Transformation zur Verfügung und nicht mehr für den Widerstand.

Tipps

- Nehmen Sie die direkte Kritik ernst und integrieren Sie die Befürchtungen in Ihre Veränderungsbotschaft (siehe S. 150 ff.).
- Integrieren Sie aktiv Ihre MitarbeiterInnen in die Transformationsaufgaben und informieren Sie sie regelmäßig in einem Blog oder in dialogstarken Großgruppenveranstaltungen.
- Achten Sie auf ein echtes Commitment für die Tranformation und vermeiden Sie Einverständnisse, die nur Lippenbekenntnisse sind.
- Halten Sie sich an Versprechungen und machen Sie keine Zusagen, die Sie nicht halten können.
- Hinterfragen Sie aktiv kritiklose Zustimmung.

Widerstandsenergie konstruktiv nutzen – Arbeitsblatt im Download

- Gibt es im Umfeld bewusste Sabotage der Veränderung, dann sollten Sie mit den MitarbeiterInnen über arbeitsrechlichte Maßnahmen sprechen und konsequent handeln.

Die Arbeit, mit Widerständen umzugehen, sie konstruktiv zu nutzen oder zu reduzieren, lohnt sich. Denn laut McKinsey & Company scheitern 60 bis 70 Prozent aller Change-Projekte, weil das Verhalten des Managements den Change nicht unterstützt und die MitarbeiterInnen der Organisation in den inneren Widerstand gehen.

„Der Schlüssel zum Erfolg ist es, in die Filialen zu gehen und zuzuhören, was die Mitarbeiter zu sagen haben.“
– Sam Walton, Walmart-Gründer –

3.2.8 Achtsamkeit und Transformation – ein Widerspruch oder ein Muss?!

Viele müssen erst lernen, mit den Emotionen umzugehen, ihre Wirkungen zu verstehen und sie sozial verträglich zum Ausdruck zu bringen. Deshalb sehen wir die persönliche Entwicklung, die den Menschen reifen lässt, als essenziell in der Transformation. Sie bringt ein verändertes Bewusstsein mit sich, das nicht auf Knopfdruck kommt, sondern ein Prozess des Menschseins ist.

Für dieses innere Sich-Bewusstwerden ist Achtsamkeit eine unterstützende Kraft. Der Hype um Achtsamkeit im Business wird teilweise kritisch gesehen, weil er den Selbstoptimierungswahn weiter anfeuert. Achtsamkeit hat aber – richtig verstanden – die Intention, sich auf den gegenwärtigen Moment zu fokussieren und nichtwertend die Aufmerksamkeit zu steuern: raus aus dem Autopiloten, rein ins bewusste Wahrnehmen. Der erste Schritt ist, innerlich zur Ruhe zu kommen. Mit der Zeit schulen Sie den inneren Beobachter. Achtsamkeit hilft uns, mit unseren eigenen und mit fremden Emotionen umzugehen. Dies bedeutet, weder die Emotionen zu verdrängen noch sie zu ignorieren, sondern sie zu spüren, zuzulassen sowie wahrzunehmen, was jetzt gerade ist. Dies reicht häufig bereits aus, um sie zu regulieren.

Durch das achtsame Innehalten können wir Situationen aus einer nichtwertenden Haltung, klarer und mit wachem Geist, betrachten. Wir sind weniger stark in unseren Gefühlen gefangen. Das achtsame Zuhören im Gespräch, den anderen verstehen wollen, ohne sofort zu interpretieren, oder die eigene Geschichte erzählen zu wollen, erfordert ein hohes Maß an sozialer Kompetenz. Achtsamkeit sorgt für mehr Balance

„Denken ist schwer, darum urteilen die meisten." – Carl Gustav Jung –

inmitten dynamischer Märkte, die Experimente, Flexibilität und Anpassungsfähigkeit fordern. Sie stärkt die kognitiven Fähigkeiten und reduziert persönliche Erschöpfung. Außerdem hilft uns Achtsamkeit, unsere Gedanken in eine andere Richtung zu lenken. SAP, RWE, BASF und Bosch vermitteln Achtsamkeitsmethoden für Führungskräfte und MitarbeiterInnen und auch bei uns sind die Anfragen in den vergangenen Jahren deutlich gestiegen.

Die vier Felder der Achtsamkeit

Fragebogen im Download

Nehmen Sie sich etwas Zeit und gehen Sie die vier Felder der Achtsamkeit anhand einer konkreten, emotional erregenden Situation durch. Sie werden lernen, Ihre

- Gefühle wahrzunehmen, zu beobachten, zu regulieren ohne sofort auf sie zu reagieren,
- Gedanken zu identifizieren sowie Muster zu erkennen,
- Handlungen zu betrachten und
- Bedürfnisse zu erkennen.

Sie können die vier Achtsamkeitsfelder in einer ganz konkreten Situation nutzen, um in eine beobachtende Haltung zu gelangen. Oder Sie verwenden die Fragen zur persönlichen Reflexion im Nachhinein. Passen Sie die Fragen bei Bedarf an.

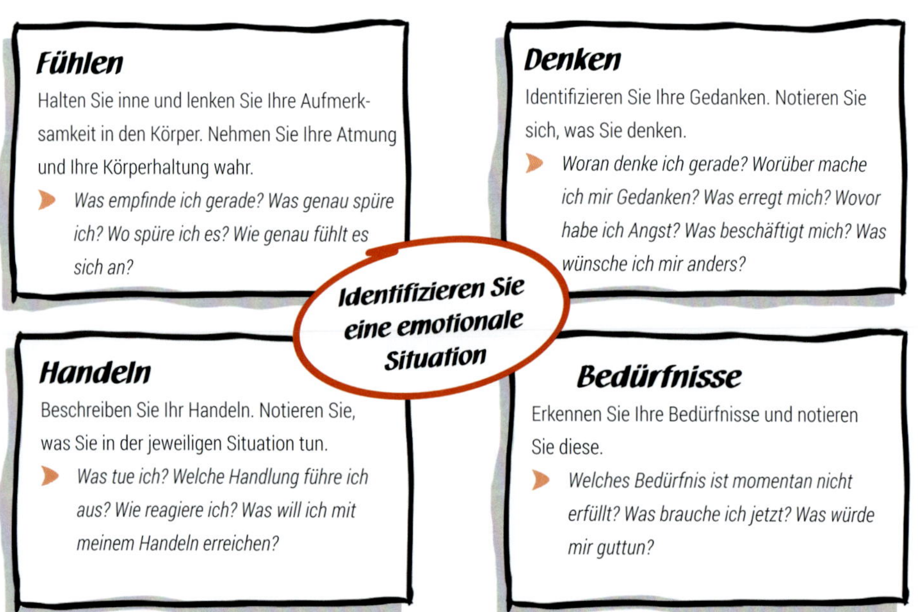

Abbildung 31: Die vier Felder der Achtsamkeit

1-Minuten-Übung „Gedanken zuhören“

Wenn Ihnen die vier Felder zu lange dauern, probieren Sie folgende Übung:

- Hören Sie eine Minute Ihren eigenen Gedanken zu.
- Reflektieren Sie nach dieser Minute:
  - Welche Gedanken habe ich schon oft gehört?
  - Welche Gedanken sind hilfreich?
  - Welche Gedanken sind destruktiv?
  - Was möchte ich künftig denken?

Wie wirkt Achtsamkeit?

- Unser Körperbewusstsein wird feiner. Das Innehalten hilft uns, auch Erregungs- oder Belastungszustände früher wahrzunehmen. Somit können wir entsprechend reagieren, um uns zu entspannen und unsere Akkus wieder aufzuladen.
- Wir trainieren die Fähigkeit, unsere Aufmerksamkeit einer Aufgabe zu widmen. Dabei lassen wir uns weniger von äußeren oder inneren „Störungen“ ablenken.
- Durch das neutrale Beobachten lernen wir, Situationen oder Personen weniger wertend wahrzunehmen. Wir befinden uns in einer „erforschenden“ Haltung und erkennen damit automatisch ablaufende Bewertungsmuster leichter. So entsteht eine offene Grundeinstellung, die konstruktive Lösungen fördert.
- Manche Dinge brauchen Zeit zur Entwicklung nach dem Motto: „Das Gras wächst nicht schneller, wenn man daran zieht“. Mit einer achtsamen inneren Haltung ist es einfacher, sich in Geduld und Gelassenheit zu üben. Dies trainiert wiederum unser Unterscheidungsvermögen.
- Achtsamkeit erleichtert den Zugang zu unserer Intuition. Das emotionale Erfahrungsgedächtnis wird aktiviert. So werden wir authentischer wahrgenommen, was den Aufbau von Vertrauen fördert.

Zum Thema „Achtsamkeit“ gibt es ein Dossier von managerSeminare, siehe Link-Liste im Download.

4 Königsdisziplin Leadership

Wie „ready“ sind Sie eigentlich als Führungskraft für die Transformation? Moderne Führung ist einer der Wettbewerbsfaktoren in der Zukunft und hat einen direkten Einfluss auf das erlebte Systemklima in einer Organisation. Das belegen mittlerweile viele Studien – ganz vorne mit dabei ist die jährliche Gallup-Studie (www.gallup.de). Der sogenannte „Engagement Index Deutschland“ misst die emotionale Bindung der MitarbeiterInnen. Die aktuelle Forschung stellt einen direkten Zusammenhang zwischen der Führungsleistung und dem wirtschaftlichen Unternehmenserfolg her.

„Eine transformationale Unternehmensführung ist ein maßgeblicher Erfolgsfaktor für Veränderungen der Arbeitswelt im Unternehmen.“*

Wie ist Ihr Führungsstil und wie erleben die MitarbeiterInnen die Zusammenarbeit mit Ihnen? Agieren Sie überwiegend normativ und direktiv oder ist Ihr bevorzugter Führungsstil partizipativ, integrativ, coachiv und inspirativ? Folgen Ihnen Ihre MitarbeiterInnen engagiert und motiviert? Oder leiden Sie unter einer hohen Fluktuation und innerer Kündigung in Ihrem Team bzw. Ihrer Organisation?

4.1 Transformationale Führung

„Eine starke Partizipation der Belegschaft an Veränderungen im Unternehmen führt zu höher ausgeprägten Zielgrößen.“*

In vielen Unternehmen ist die Führungskultur noch stark durch eine **transaktionale Führung** geprägt. Sie stellt das Geben und Nehmen in der Beziehung zwischen Führungskraft und MitarbeiterIn in den Mittelpunkt. Die Führungskräfte motivieren ihre MitarbeiterInnen vor allem durch das Vereinbaren von Zielen, das Übertragen von Aufgaben und durch die Delegation von Verantwortung. Die Leistung wird kontrolliert und mit materiellen und immateriellen Gegenleistungen belohnt. Unerwünschtes Verhalten wird durch Kritik geäußert und sanktioniert. Der sachliche Austausch (Transaktion) von Leistung und Gegenleistung, sprich: Arbeit gegen Entgelt, steht im Vordergrund der Zusammenarbeit.

* Quelle: Fraunhofer (Sept. 2019): Ergebnisbericht zur Studie „Transformation von Arbeitswelten“

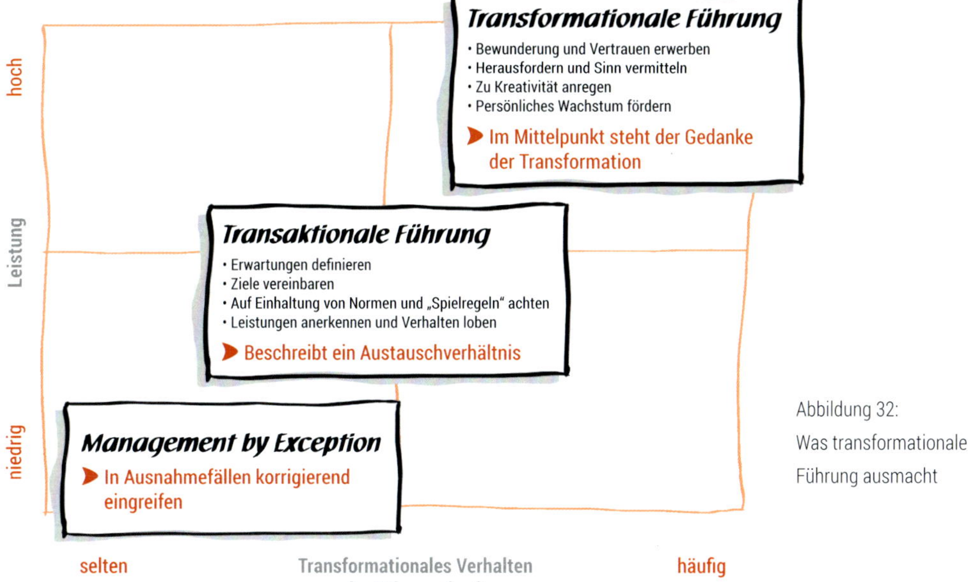

Abbildung 32: Was transformationale Führung ausmacht

Kennen Sie Jürgen Klopp, erfolgreicher Fußballtrainer und Vorbild für die transformationale Führung? Klopp hat eine ganz konkrete Vision, die Spieler vertrauen ihm und er fordert sie mit hohen Zielen immer wieder aufs Neue heraus. Er selbst sagt: „Ich möchte der Trainer sein, den ich früher gerne gehabt hätte." Ein Motto, das dem ehemaligen Cheftrainer von Mainz 05 und Borussia Dortmund den Champions-League-Titel gebracht hat. Mit dem 2:0 über Tottenham im Finale der Champions League hat sich Klopp endgültig in Liverpool verewigt. Er hat dort aus Zweiflern Gläubige gemacht.

„Wessen wir am meisten im Leben bedürfen, ist jemand, der uns dazu bringt, das zu tun, wozu wir fähig sind." – Ralph Waldo Emerson –

Die zentrale Frage ist: Wie schaffen es Führungskräfte im Umfeld der Transformation und der dynamischen Veränderungen, Menschen und Organisationen in eine gute Zukunft zu führen?

Die **transformationale Führung** gilt heute als „Königsdisziplin" der Führungsphilosophien und ist die Weiterentwicklung der transaktionalen Führung. Die MitarbeiterInnen empfinden wirkliches Vertrauen, Respekt, Loyalität und sehen die Führungskraft als Vorbild. Dadurch werden MitarbeiterInnen zu Höchstleistungen motiviert. Albert Schweitzer formulierte es so: „Ein Beispiel zu geben ist nicht die wichtigste Art, wie man andere beeinflusst. Es ist die einzige." Die MitarbeiterInnen sind davon überzeugt, dass es sich lohnt, gemeinsam an einem Strang zu ziehen und anspruchsvolle Ziele anzustreben, entsprechend hoch sind Motivation und Engagement. Zugleich sind sie weniger anfällig

Der Gedanke der Transformation steht im Mittelpunkt des transformationalen Führungsmodells.

für Stress und haben besonders gute persönliche Beziehungen. Dieses Konzept erweitert die transaktionale Führung und den Führungsstil „Management by Exception". Es entwickelt (transformiert) zusätzlich das Bewusstsein der MitarbeiterInnen und bringt sie auf ein neues, höheres Niveau. Gelingt dies einer Führungskraft, wird sie dafür oft bewundert.

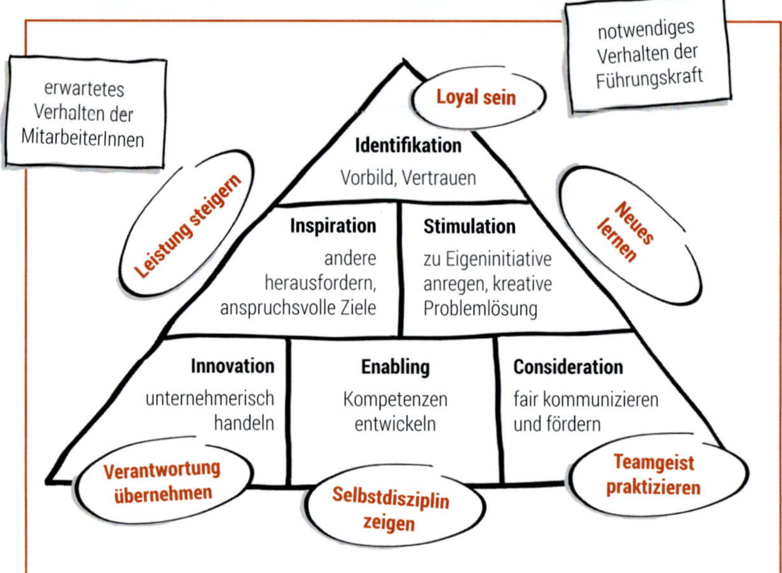

Abbildung 33: Das Prinzip der transformationalen Führung

Quelle: Waldemar Pelz: Transformationale Führung – Forschungsstand und Umsetzung in der Praxis

Dieses Führungsverhalten verdeutlicht den Sinn und die Bedeutung der gemeinsamen Ziele und Ideale. Sowohl Führungskräfte als auch MitarbeiterInnen werden herausgefordert, inspiriert und wollen einen sinnvollen Beitrag zum Unternehmenserfolg leisten. Transformationale Führungskräfte verstehen es, andere mitzureißen und erzeugen dadurch Followership. Ihre MitarbeiterInnen entwickeln sich sowohl auf fachlicher als auch auf persönlicher Ebene weiter.

„1994 wurde das Modell der Transformationalen Führung durch Bernard Bass und Bruce Avolio publiziert. Mittlerweilen wurden über 40 empirische Validierungsstudien durchgeführt, die den praktischen Nutzen nachweisen. Die Anwendung des transformationalen Führungsverhaltens bewirkt eine deutlich größere Mitarbeiter- und Kundenzufriedenheit und bewirkt dadurch auch die wirtschaftlichen Erfolge (Produktivität und Rentabilität)."

– Prof. Dr. Waldemar Pelz –

Wirkung der transformationalen Führung	
auf die MitarbeiterInnen	**auf die Führungskräfte**
• mehr Leistung (Kennzahlen) • mehr Kreativität und Teamgeist • intrinsisch motiviert • größere Arbeitszufriedenheit	• bessere Beziehungen • mehr Energie • weniger Stress • „höheres Einkommen“

Quelle: Waldemar Pelz: Transformationale Führung – Forschungsstand und Umsetzung in der Praxis (Befragung von 14.348 Führungskräften)

Abbildung 34: Wirkung der transformationalen Führung

Bekannte Reaktionsmuster von MitarbeiterInnen und KollegInnen

Die nachfolgende Grafik macht deutlich, wie sich Führungsverhalten auf die MitarbeiterInnen auswirkt. Wir sprechen in diesem Zusammenhang von Reaktionsmustern.

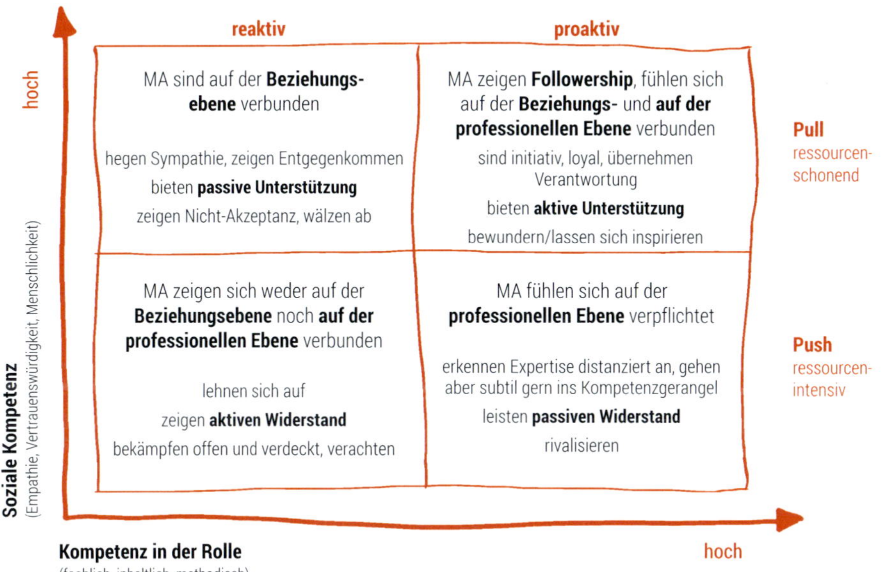

Abbildung 35: Reaktionsmuster auf Führungsverhalten

(Quelle: XLNC Leadership Diagnostic, Köln)

4.2 Followership

Followership entsteht, wenn die Menschen in der Organisation eine hohe Leistungsbereitschaft, Eigenverantwortung, Initiative, Identifikation, Loyalität und Motivation zeigen. Das wird direkt beeinflusst durch die fachliche, methodische und inhaltliche Rollenkompetenz der Führungskraft (transaktionale Führungsaspekte) **und** durch ihre sozialen Kompetenzen (transformationale Führungsaspekte). An der Stelle ein Hinweis:

Vertiefende Informationen und Studien siehe Link-Liste im Download

Transaktionale Führungsaspekte sind deutlich ressourcenintensiver als die transformationale Führung, die eine Sogwirkung entfaltet. Die MitarbeiterInnen folgen hoch motiviert und unterstützen engagiert ihre Führungskraft. Das wird immer wichtiger, insbesondere in Zeiten einer hohen Sinnorientierung der Menschen in den Organisationen.

Aristoteles formulierte es so:
„Wer nicht gut folgen kann, kann nicht gut führen."

4.3 Der Führungsstil-Mix macht's

Den einzig „richtigen" Führungsstil gibt es natürlich nicht. Für ein erfolgreiches Führungsverhalten ist es wesentlich, auf ein möglichst großes Repertoire verschiedener Führungsstile zurückgreifen zu können und diese situationsangemessen einzusetzen. Welcher Führungsstil der Situation angemessen ist, hängt dabei vom Kontext, von den verfügbaren Ressourcen und von den Menschen ab.

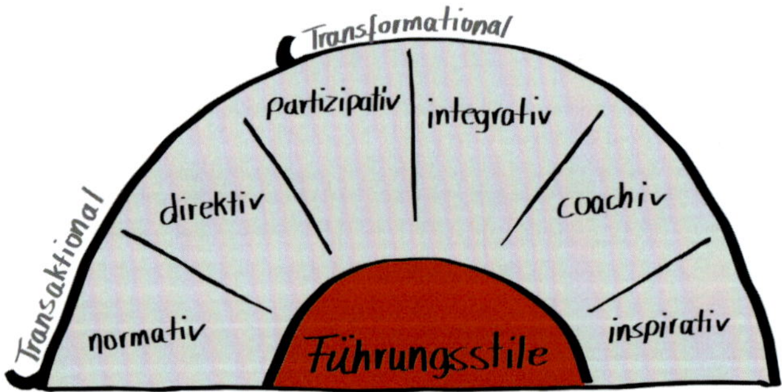

Abbildung 36: Führungsstile

(Quelle: XLNC Leadership Diagnostic, Köln)

Führungsstile sind Verhaltensmuster, die das persönliche Führungsverhalten beschreiben. Diese werden bestimmt durch die eigene Persönlichkeit mit den ihr eigenen individuellen Talenten, Werten und Motiven. Und so vielfältig die Situationen im beruflichen Führungsalltag sind, so unterschiedlich können auch die Verhaltensweisen einer Führungskraft sein, um diesen Herausforderungen zu begegnen.

Die meisten Führungskräfte bevorzugen einen oder zwei Führungsstile, je nachdem ob sie starke soziale Kompetenzen wie Empathievermögen, menschliches Miteinander und Vertrauen haben oder eine hohe Rollenkompetenz mit fachlichen und methodischen Stärken.

„Bis Sie ein Leader sind, bedeutet Erfolg vor allem, sich selbst zu entwickeln. Wenn Sie ein Leader sind, bedeutet Erfolg, andere zu entwickeln."
– Jack Welch –

Empfehlung: Aktivieren Sie auch die Führungsstile, die Sie bisher weniger angewendet haben. Je nach Situation und MitarbeiterIn ist der Mix für eine gute Führung entscheidend. Denn wenn es „brennt", werden Sie wohl kaum partizipativ führen. Würde der Feuerwehreinsatzleiter jeden Einzelnen im Notfall befragen, wäre das Haus längst abgebrannt, bis das Team entschieden hat, wie der Brand gelöscht werden soll. Bei einem agilen Team, das selbstorganisiert arbeitet, wären Sie mit nur normativer und direktiver Führung hingegen schnell abgeschrieben.

Es gibt viele Möglichkeiten zu führen, schauen wir uns die Führungsstile von transaktional bis transformational etwas näher an:

Normativ – Das „Was" und das „Wie" werden klar formuliert

Die Führungskräfte haben einen hohen Anspruch an sich selbst und diesen haben sie auch an ihre MitarbeiterInnen. Die eigene Vorgehensweise, ein hoher Leistungs- und Qualitätsanspruch sind der Maßstab.

Typische Verhaltensweisen

- führen mit Command & Control, stark leistungs- und detailorientiert
- geben das Ziel und den Weg vor
- bieten wenig Raum für eigene Sicht- und Verhaltensweisen, geringe Handlungsspielräume
- übernehmen Aufgaben lieber selbst, bevor sie Verantwortung delegieren
- sind Macher und Leistungsträger
- sehen die eigene Vorgehensweise als die Norm

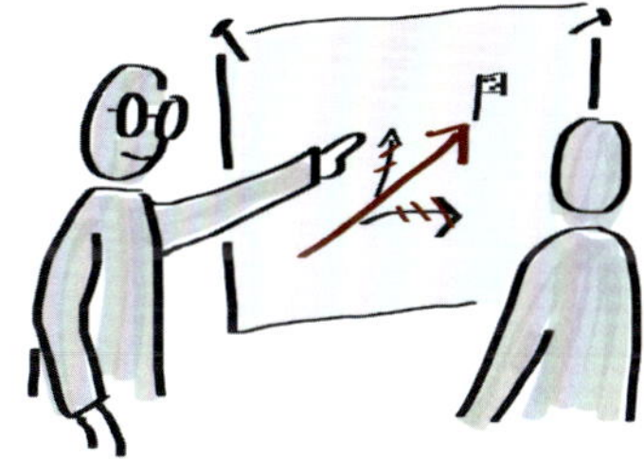

„Do it ... my way!"

Vielleicht fragen Sie sich, weshalb der normative Führungsstil in Zeiten von Agilität, New Work und Selbstorganisation hier überhaupt noch genannt wird. Normative und auch direktive Führung sorgen für Klarheit in einer Organisation und das hat einen direkten Einfluss auf die Leistungsfähigkeit. Oder denken Sie an Krisensituationen, in denen schnell gehandelt werden muss. Haben MitarbeiterInnen eine hohe Leistungsorientierung oder einen ähnlichen Arbeitsstil, dann sehen sie die Führungskraft als Experten bzw. als Vorbild und wünschen sich oftmals einen normativen Führungsstil.

Direktiv – Das „Was" wird vorgegeben – das Ergebnis zählt

Die Führungskräfte geben konkrete Anweisungen. Es gibt eine klare Richtung, das Ziel wird vorgegeben. Der Prozess – das **„Wie"** – ist dabei weniger wichtig.

„Just do it!"

Typische Verhaltensweisen

- geben klare Anweisungen – „Command"
- agieren zielfokussiert, konsequent und durchsetzungsstark
- delegieren Aufgaben und Zuständigkeiten
- treffen Entscheidungen, dabei werden die MitarbeiterInnen selten einbezogen
- tun sich schwer mit Widerspruch

Die direktive Führung fokussiert sich auf das Ziel, das Ergebnis steht im Vordergrund. Dies gibt Klarheit in Bezug auf die Ausrichtung der Organisation und erzeugt Sicherheit, Glaubwürdigkeit und Klarheit bei den MitarbeiterInnen. Insbesondere in Problemsituationen, Veränderungsprojekten, im Turnaround oder bei Restrukturierungen, wenn schnelles und zielgerichtetes Handeln erforderlich ist, kommt dieser Stil zum Einsatz. Also immer dann, wenn eine starke Sach- und Aufgabenorientierung wichtig ist, kann dieser Führungsstil der richtige sein. Das gilt auch, wenn die MitarbeiterInnen noch einen eher niedrigen Reifegrad in Bezug auf die Aufgaben haben.

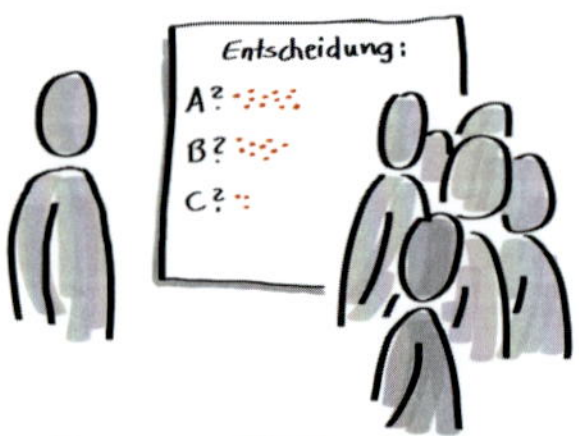

Partizipativ – Beteiligen, Fragen und Einbinden stehen im Vordergrund

Die Führungskräfte beziehen ihre MitarbeiterInnen frühzeitig und mitverantwortlich in die Prozesse ein. Sie beteiligen ihr Team beim Festlegen von Zielen. Entscheidungen werden gemeinsam getroffen.

„Be part of it!"

Typische Verhaltensweisen

- geben Freiräume und lassen mitgestalten
- handeln kooperativ, gehen konsensorientiert bis demokratisch vor
- beteiligen ihr Team und fordern dies auch aktiv ein
- erläutern ihre Entscheidungen und machen sie nachvollziehbar
- informieren ihr Team zeitnah über aktuelle Themen im Unternehmen

Der partizipative Führungsstil fördert das „Sich als Mensch"-Einbringen im Sinne von: „Was meint Ihr dazu?" Insbesondere wenn Handlungsspielräume gegeben sind, wenn Ziele und Entscheidungen noch unklar sind und wenn engagierte MitarbeiterInnen einen hohen Reifegrad haben, kommt diese Art der Führung zum Einsatz. Partizipation fördert die Motivation und das Engagement, was gerade in Transformationsprozessen sehr wichtig ist. Wird die Vision und das Zukunftsbild von allen gemeinsam gestaltet und getragen, findet eine wirkliche Transformation statt. **Aber Vorsicht:** Nicht immer ist Partizipation der richtige Weg, insbesondere dann, wenn schnell Entscheidungen getroffen werden müssen, die das Überleben der Organisation sichern. In Zeiten von New Work wird Partizipation oft übertrieben bzw. überstrapaziert – und das hat dann keinen förderlichen Einfluss mehr auf die Wertschöpfung im Unternehmen.

Formate, wie Sie MitarbeiterInnen beteiligen, finden Sie im Download unter „Be part of it!"

Im Kapitel 5 beschreiben wir die Objective Key Results (OKR) (siehe S. 154 ff.), die einen direktiven und partizipativen Führungsstil zugrunde legen. OKRs definieren die quantitativen Ziele und stellen sicher, dass alle Aktivitäten auf die gleichen, wichtigen Ziele innerhalb der gesamten Organisation ausgerichtet und fokussiert sind. Gemeinsam werden die OKR's in den Teams (und auf MA-Ebene) ausgearbeitet, die auf das Zukunftsbild einzahlen.

Integrativ – Den Zusammenhalt fördern und Unterschiedlichkeiten integrieren

Die Führungskräfte stärken den Zusammenhalt im Team und fördern gute zwischenmenschliche Arbeitsbeziehungen sowie eine harmonische Zusammenarbeit.

„Together we are strong!"

Typische Verhaltensweisen

- denken und handeln beziehungsorientiert
- schaffen eine positive Arbeitsatmosphäre
- lösen Konflikte konstruktiv
- fördern Meinungsvielfalt und Diversität
- integrieren unterschiedliche Interessen
- sind aufmerksam für Probleme und Bedürfnisse der MitarbeiterInnen
- fördern die Zusammenarbeit und den Austausch im Team
- stärken das Wir-Gefühl und beziehen neue/stillere Teammitglieder ein

„Empathie – Es fängt bei Dir an und kann die Welt verändern."
– Dalai Lama –

Der integrative Führungsstil fördert eine positive Arbeitsatmosphäre, stärkt den Zusammenhalt und die Zugehörigkeit, sorgt für Sicherheit. Empathisches Zuhören, sich einander die volle Aufmerksamkeit schenken und Botschaften wahrnehmen, die über die Sachebene hinausgehen, sind wichtige Fähigkeiten in der Transformation und in selbstorganisierten Teams. Dieser Führungsstil kommt auch zum Einsatz, wenn die Aufgaben gemeinsam im Team erledigt werden können, und in Konfliktsituationen, wenn es darum geht, Menschen und Themen zu integrieren.

Coachiv – Potenziale erkennen und fördern, Stärken stärken

Die Führungskräfte führen mit Fragen und geben „Hilfe zur Selbsthilfe". Sie ermutigen ihre MitarbeiterInnen zu eigenständigem Arbeiten und geben Raum zur Entfaltung. Die langfristige Entwicklung des Einzelnen steht dabei im Vordergrund.

Typische Verhaltensweisen

„Yes, you can!"

- unterstützen persönliches Wachstum
- setzen sich aktiv mit den Stärken und Potenzialen auseinander
- fördern, indem sie Aufgaben übertragen, an denen die MitarbeiterInnen wachsen können
- geben Raum zur Entwicklung und schaffen Gelegenheiten zum Lernen
- regen Perspektivwechsel aktiv an und unterstützen eine gute Fehlerkultur
- reflektieren mit den MitarbeiterInnen die Gründe für Erfolge und Misserfolge
- verfolgen klare Entwicklungsziele

Wenn wir von einem coachiven Führungsstil sprechen, so meinen wir ausdrücklich *nicht* „die Führungskraft als Coach", denn das ist unserer Meinung nach aufgrund von Weisungsbefugnis und der geforderten Neutralität eines Coachs nicht möglich.

Einer der stärksten Motivatoren ist es, die eigenen Stärken einzusetzen und ausbauen zu können. Deshalb fokussieren Sie sich auf die Stärken, statt an den Schwächen herumzudoktern.

Beim coachiven Führungsstil steht die Entwicklung des Mitarbeiters im Fokus. Die MitarbeiterInnen selbst haben ein hohes Interesse an der persönlichen und beruflichen Weiterentwicklung und eine hohe Bereitschaft zur Selbstreflexion. Besondere Stärken und Talente wollen entdeckt werden. MitarbeiterInnen können empowert werden durch neue und größere Herausforderungen, durch Aufgaben, an denen die MitarbeiterInnen wachsen können. Coachiv bedeutet auch Hilfe zur Selbsthilfe sowie Führen mit Fragen (siehe auch „Systemisches Fragen" im Download), welche die Selbstreflexion anregen und die Eigenverantwortung stärken. Eine stärkenorientierte Führung erfordert eine kontinuierliche eigene Reflexion als Führungskraft.

Inspirativ – begeistern und Sinn stiften

Die Führungskräfte begeistern ihre MitarbeiterInnen für die übergeordneten Ziele, den Wandel, die Strategie. Sie vermitteln Sinn und eine lebendige Vision. Sie zeigen das große Ganze auf und geben langfristige Orientierung.

Typische Verhaltensweisen

„I have a dream!"

- inspirieren und begeistern ihre MitarbeiterInnen, neue Wege zu gehen
- erzeugen Anziehungskraft und Energie
- stiften Sinn und vermitteln das **„Why"**, den Zweck ihrer Arbeit
- zeigen auch in herausfordernden Situationen einen positiven Blick und gehen neue Wege
- aktivieren die intrinsische Motivation ihrer MitarbeiterInnen
- fördern Kreativität, Innovation und Querdenken

„In Dir muss brennen, was Du in anderen anzündest."
– Augustinus –

Inspirativ führen heißt, ein Zukunftsbild zu entwerfen, das eine Sogwirkung entfaltet. Dass die Menschen in der Organisation ihre ganze Energie auf die gemeinsame Vision ausrichten. Dazu gehört auch, Menschen zu ermutigen, Dinge auszuprobieren und anders zu machen sowie eigene Ideen in die Welt zu bringen. Inspirative Führung ist immer dann gefragt, wenn die Menschen in der Organisation eine langfristige Orientierung benötigen. In der Führungsforschung wird dieser Führungsstil als der schwierigste beschrieben, denn es geht um die übergeordneten Ziele und das große Ganze.

Überblick zu den sechs Führungsstilen im Download

> „Leader bringen nicht mehr Anhänger, sondern mehr Leader hervor."
> – Tom Peters –

Setzen Sie deshalb die Führungsstile situationsangemessen ein (siehe Abb. 37, S. 130).

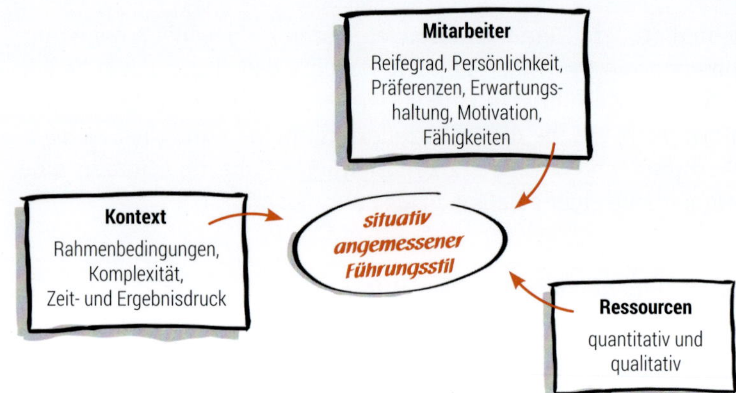

Abbildung 37: Führungsstil situationsangemessen einsetzen

Reflektieren Sie jetzt Ihren Führungsstil-Mix

- Welche Führungsstile setze ich vorwiegend ein?
  ....
- Wie situationsangemessen setze ich sie ein?
  ....
- Welche Führungsstile brauche ich künftig in der Transformation mehr als bisher?
  ....
- Wo liegen meine Entwicklungsfelder?
  ....

Führung hat einen direkten Einfluss auf den wirtschaftlichen Erfolg eines Unternehmens.

Wichtig: Holen Sie sich Feedback aus Ihrem Team und gleichen Sie Ihr Selbst- mit dem Fremdbild ab. Die Gallup-Studie (zu finden unter www.gallup.de, Engagement Index Deutschland) hat deutlich herausgearbeitet, dass es hier Nachholbedarf gibt.

Das Selbst- und Fremdbild – ein Ergebnis der Gallup-Studie

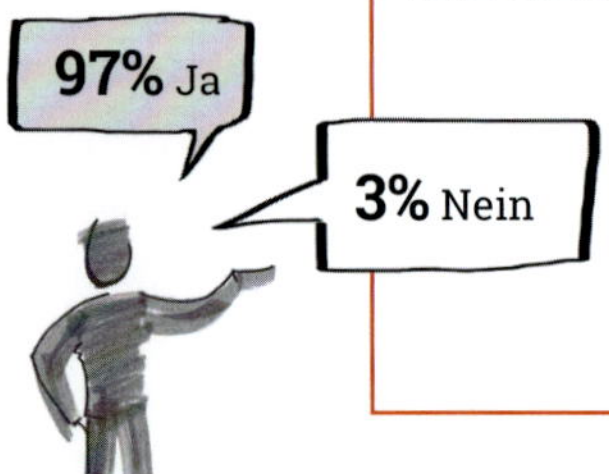

Frage: „Es kommt ja vor, dass man sich ab und zu selbst bewerten muss. Glauben Sie, dass Sie eine gute Führungskraft sind?"

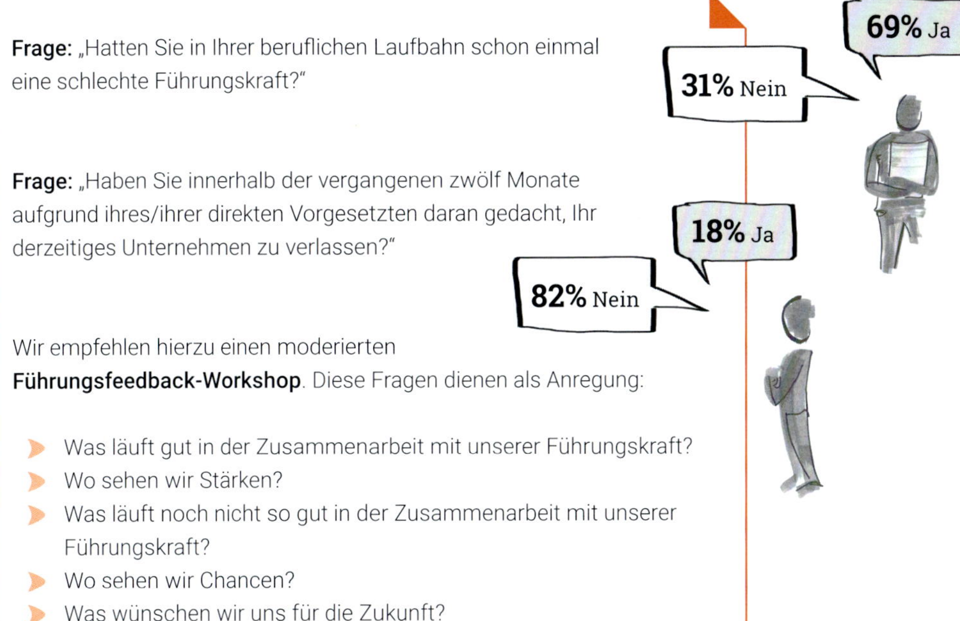

Frage: „Hatten Sie in Ihrer beruflichen Laufbahn schon einmal eine schlechte Führungskraft?"

Frage: „Haben Sie innerhalb der vergangenen zwölf Monate aufgrund ihres/ihrer direkten Vorgesetzten daran gedacht, Ihr derzeitiges Unternehmen zu verlassen?"

Wir empfehlen hierzu einen moderierten **Führungsfeedback-Workshop**. Diese Fragen dienen als Anregung:

- Was läuft gut in der Zusammenarbeit mit unserer Führungskraft?
- Wo sehen wir Stärken?
- Was läuft noch nicht so gut in der Zusammenarbeit mit unserer Führungskraft?
- Wo sehen wir Chancen?
- Was wünschen wir uns für die Zukunft?

Führungsqualität lässt sich relativ einfach messen, z.B. mithilfe eines 180°- oder 360°-Feedbacks. Hier werden auch die Unterschiede zwischen Selbst- und Fremdbild einer Führungskraft aufgedeckt. Auf Basis der Ergebnisse kann sich die Führungskraft konkret und gezielt weiterentwickeln. Insbesondere in Zeiten von Agilität und Komplexität werden die transformationalen Führungskompetenzen immer wichtiger.

Tipp

Vergessen Sie den Humor nicht. Begegnen Sie den „Unzulänglichkeiten der Welt" und „der Menschen", den Fehlern und Missgeschicken im Alltag und vor allem im Wandel mit einem Schuss heiterer Gelassenheit und schaffen so eine positive Grundstimmung für eine gelingende Transformation.

„Ein Tag ohne Lachen ist ein verlorener Tag."
– Charlie Chaplin –

5 Instrumente der Transformation

Die Dinge sind nie nur schwarz oder weiß, die Realität findet genau dazwischen statt. Ausprobieren, scheitern, lernen ...

Bei der Auswahl der Methoden lautet die richtige Frage: Erreichen wir mit der Transformation das, was wir uns vorgenommen haben? Ob nun klassisch oder agil, ist dann eher die zweite Frage.

Change-Projekte können die ganze Organisation betreffen oder nur einzelne Bereiche. Transformation betrifft meistens das ganze Unternehmen. Das heißt, je mehr Betroffene, desto aufwendiger sind die Information, Kommunikation und die Transparenz über die Veränderung. Komplexität, Interessenkonflikte und die Koordination fordern von allen ein erhöhtes Maß an Disziplin, Fokussierung, Commitment und Mut, um in eine gute Zukunft zu gehen.

Abbildung 38: Change-Management vs. agiles Vorgehen

Klassisches Change-Management	Agiles Vorgehen
Kontext: Stabilität, Kontinuität und Planbarkeit	Kontext: Permanenter Anpassungsprozess = Normalzustand
Veränderungen werden meist schnell angegangen, mit dem Ziel, zwischen den beiden stabilen Zuständen – vor und nach dem Change – die „Unruhe" so kurz wie möglich zu halten. Währenddessen werden Turbulenzen in Kauf genommen. Die Veränderungen sind umfangreich, einmalig und haben eine strategische Reichweite. Viele MitarbeiterInnen sind betroffen.	Dauerhafte Stabilität ist ausdrücklich nicht vorgesehen, sie wird ersetzt durch einen Zustand des permanenten Überprüfens, Experimentierens und Ausprobierens. Es gibt kein Ende der Veränderung.
Projektplan mit definierten Meilensteinen.	Zukunftsbild definieren und in Iterationen vorgehen. Release-Plan erstellen (beinhaltet Verantwortlichkeiten, Ressourcen, Aktivitäten der Transformation), regelmäßige Feedback-Zyklen.
„In einem Umfeld, das nach Stabilität strebt, wird Change als eine Art strategische Weichenstellung verstanden."	„Finale Konzepte werden vergeblich gesucht."

Vorsicht Falle!

Beschäftigen Sie sich nicht zu sehr mit den Methoden und verfallen Sie keinesfalls in einen Methodenwahn. Vergeuden Sie auch keine wertvollen Ressourcen, nur weil gerade eine Methode besonders „hip" ist. Wie alt eine Methode ist, ist kein Kriterium für die Qualität und den Nutzen. Schließen Sie weder klassische noch agile Methoden aus, sondern prüfen Sie die verfügbaren Optionen und was am besten zur aktuellen Herausforderung und dem Zielbild passt – es gibt wichtigere Dinge in der Transformation.

Cluster	Handlungsempfehlung	Methode (Beispiel)
einfache Situation	erkennen, beurteilen, reagieren	Einsatz von Best Practices, z.B. Wasserfall
komplizierte Situation	erkennen, analysieren, reagieren	Nutzung von Good Practices, z.B. Kanban
komplexe Situation	probieren, erkennen, reagieren, probieren	Nutzung von Emergent Practices, z.B. Scrum
chaotische Situation	handeln, erkennen, reagieren, handeln	Bestmögliche/innovative Praktiken durch Trial and Error/Prototyping

Quelle: Sabine Dietrich: Schlau statt Sau. managerSeminare 7/2019, S. 74.

Abbildung 39: Orientierungshilfe zur Methodenwahl

In diesem Kapitel geben wir Ihnen einen Einblick in einige Instrumente, die wir in unserer Praxis anwenden.

5.1 Die sieben Basisprozesse der Transformation

Um die Handlungsfelder und unterschiedlichsten Aspekte in Transformationsprozessen verständlich zu machen, empfehlen wir die sieben Basisprozesse der Organisationsentwicklung nach Friedrich Glasl (siehe Abb. 40, S. 134). Sie sind ein bewährtes Modell, um den Veränderungsprozess zu unterstützen. Wir stellen Ihnen nachfolgend jeden einzelnen Basisprozess vor, im darauffolgenden Kapitel finden Sie einzelne Tools und Werkzeuge näher beschrieben (ab Kapitel 5.2., S. 139 ff.). Am Ende des Buches gibt Ihnen eine Transformations-Box (siehe S. 170 f.) eine Übersicht über alle hier im Buch genannten Techniken.

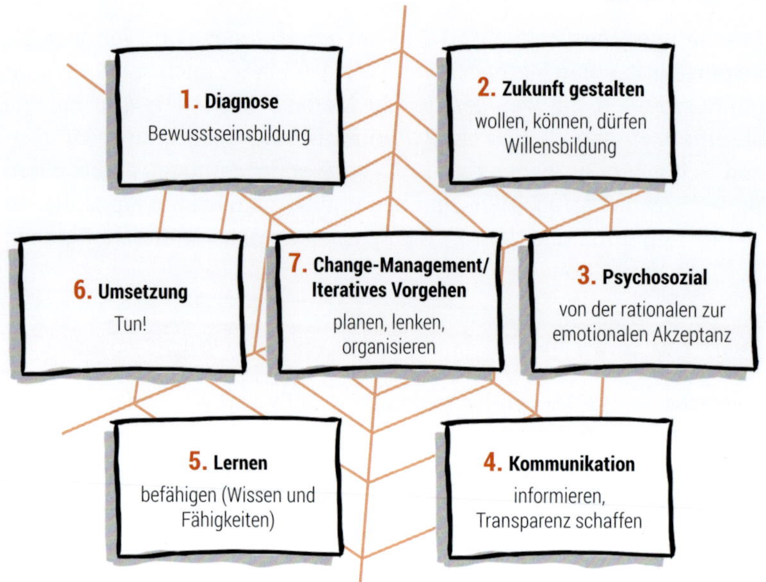

Abbildung 40: Die sieben Basisprozesse der Transformation (in Anlehnung an F. Glasl 2013)

1. Diagnose: Können oder müssen wir uns transformieren?

Bei den Diagnoseprozessen geht es um durchschauen, durchleuchten, den Finger in die Wunde legen, Daten sammeln, analysieren und interpretieren, Einsichten gewinnen über die Kräfte, Ursachen, Sense of Urgency sowie die Notwendigkeiten für den Wandlungsprozess. So entsteht ein Bewusstsein für den Bedarf der Transformation bei den Menschen in der Organisation.

- Welche Kräfte und Ursachen haben zu der gegenwärtigen Situation geführt?
- Welche Konsequenzen sind für die Zukunft zu ziehen?
- Was sind unsere Stärken und Schwächen?
- Wie ist der Produkt- und Leistungszyklus?
- In welchen Entwicklungsphasen befinden sich die Teams, Bereiche, die Organisation?
- ...

Achten Sie darauf, dass bei der Diagnostik sowohl das „große Ganze" als auch die Details betrachtet werden. Nutzen Sie sowohl Experten- als auch Organisationswissen. Integrieren Sie deshalb das Know-how Ihrer Organisation, damit sich die Menschen auch mit den Ergebnissen identifizieren.

2. Zukunft gestalten – Ja, wir wollen!

Die Zukunftsgestaltungsprozesse geben Raum für eine gemeinsame Vision für die Zukunft. Wollen, Können und Dürfen schaffen Motivation und Engagement. Gemeinsam in eine gute Zukunft zu gehen, sorgt für Willensbildung, Verbindlichkeit und Engagement.

Transformation braucht eine Vision, die begeistert und sich unterscheidet, ein Ziel, das fasziniert, und eine Veränderungsbotschaft, die die Menschen berührt.

Erkennen Sie, was erwünscht ist und was davon auch machbar ist. Wenn Sie zu pragmatisch vorgehen, können innovative Ideen verloren gehen. Utopische Tagträumereien blockieren die Veränderungsenergien. Überlegen Sie, ob Sie nur einzelne Aspekte anpassen oder ein ganzes Konzept verändern wollen. Ist die Veränderung nur punktuell, droht die Gefahr, schnell wieder in die „alten Muster" zu fallen. Bei der großen Transformation achten Sie besonders auf Ihre MitarbeiterInnen und verhindern Sie, so gut es geht, Überforderung.

3. Psychosozial – Von der rationalen zur emotionalen Akzeptanz

Emotionen thematisieren (siehe auch S. 99 ff.), Ängste und Unsicherheiten ansprechen, ernst nehmen und auflösen sind Bestandteile der psychosozialen Prozesse der Transformation, genauso wie Widerstände aufzugreifen, Konflikte und Spannungen aufzulösen und gemeinsam Lösungen zu entwickeln. Außerdem werden neue Rollenbilder entwickelt, destruktive Machtbeziehungen transparent gemacht und verändert sowie vertrauensbildende Maßnahmen durchgeführt. Damit das möglich ist, gehört auch die Konfrontation und die Irritation des Systems dazu.

Beziehen Sie die Spannungsfelder der Pole Abstoßen und Anziehen ein. Auf der einen Seite steht das Belastende „weg von" und auf der anderen Seite das Attraktive „hin zu". Nimmt das Abstoßende überhand, ist die Organisation schnell in der Überlastung, Kreativität geht verloren. Wird das Anziehende überbewertet, entsteht schnell abgehobene Euphorie, die die Tatsachen außer Acht lässt. Licht und Schatten, Sonne und Mond bedingen einander. Es gibt das Eine nicht ohne das Andere. Ist der Fokus nur auf den Schatten gerichtet, leiden Selbstwert und Selbstvertrauen. Ist er nur auf das Licht gelegt, können sich ein überhöhtes Selbstbild und Überheblichkeit breitmachen.

4. Kommunikation – Informieren und in den Dialog gehen, um Transparenz zu schaffen

Spot an und open the door! Menschen glauben ständig, zu wenig Information zu haben. Insbesondere in der Transformation besteht aufgrund von Unsicherheiten ein hoher Bedarf an Information und Austausch. Wichtig ist es, von Anfang an transparent, zeitnah und vor allem kontinuierlich zu informieren und Dialogformate zu etablieren. Welche Aktionen und Transformationsprozesse sind geplant oder finden gerade statt? Was ist der Sinn und Zweck, was wurde im Sinne von ersten kleinen Erfolgen bereits erreicht? Transparenz, die für alle gleichzeitig sichtbar und hörbar ist, sorgt für bessere Ergebnisse und ist die Voraussetzung für unternehmerisches Handeln.

- Wer sagt was, wann, wem und mit welchem Ziel?
- Welche Informationsmärkte und Dialogrunden sollten wir initiieren?

Einfach schneller informieren und kommunizieren, als der Flurfunk senden kann.

Das Spannungsfeld der Kommunikation – rückblickend vs. vorausschauend – hat sich auch in der Pinguin-Geschichte gezeigt. Wann soll die Pinguin-Kolonie über den schmelzenden Eisberg informiert werden? Wird sehr früh kommuniziert und die Umsetzung lässt lange auf sich warten, werden große Erwartungen geweckt und nicht erfüllt. Die Veränderungsenergie fällt ab. Sind jedoch Flurfunk und Gerüchte schon breit gestreut, wird Vertrauen in den Kommunikationsprozess verspielt. Kommunizieren Sie sowohl sender- als auch empfängerbezogen.

5. Lernen – Befähigen im Sinne von Wissen und Fähigkeiten

Empowerment ist das Herzstück der Lernprozesse aller in der Transformation. Neues Denken ist gefragt. Alte, hinderliche Denk- und Verhaltensmuster müssen erst verlernt und neue mentale Modelle, insbesondere auch in Bezug auf Führung, erlernt und trainiert werden. Weg von: Weisung und Kontrolle. Hin zu: förderliche Rahmenbedingungen für die Zusammenarbeit schaffen und Hindernisse aus dem Weg räumen. Kontext- und insbesondere Erfahrungslernen sind wichtig. Es gilt also, etwas zu tun, eine Lernerfahrung (positiv oder negativ) zu machen, Menschen einen Raum für Entwicklung zu geben, Wissen aufzubauen und Können zu entwickeln.

- Was gilt es neu zu lernen? Was gibt es zu verlernen (Handlungsmuster und Gewohnheiten)?
- Welche Problemlösekompetenzen benötigen unsere Führungskräfte?
- Wie treffen wir zukünftig unsere Entscheidungen?
- Welche Instrumente fördern die Entwicklung in der Organisation (Mentoring, Coaching, Weiterbildung etc.)?

Denken Sie sowohl problem- als auch ressourcenorientiert. Sind Sie nur im Problem und betonen Sie zu stark die Defizite, besteht die Gefahr der „Problemtrance" (G. Schmidt) mit der Konsequenz, dass sich Resignation ausbreitet. Ressourcen geben Sicherheit, das ist wichtig. Jedoch kann ein Überbewerten der Ressourcen wiederum in die Selbstüberschätzung führen.

Bieten Sie Lernmöglichkeiten sowohl on the job als auch off the job. Mentoring, Coaching oder Training-on-the-job ermöglichen Lernen im Kontext der eigenen Aufgaben und in der praktischen Anwendung. Doch auch ein Lernen mit Abstand zum Job ist wichtig. Oft hilft erst die Distanz, der Metablick oder eine andere Umgebung, damit festgefahrene Muster gelöst werden können und Kreativität Raum erhält.

6. Umsetzen – Tun!

Organisationale Transformation funktioniert nur gemeinsam. Je mehr Menschen in den Gestaltungsprozess eingebunden sind, desto schneller funktioniert die Transformation. Führungskräfte haben hier eine wichtige Vorbildrolle. Es braucht rasche erste Schritte, nicht erst nach Monaten der Diagnose und Zieldiskussion. Ein iteratives Vorgehen unterstützt die Umsetzung. In regelmäßigen Reviews und Retrospektiven wird das Fortschreiten des Transformationsprozesses schnell sichtbar. Umsetzungs- und Prozessbegleitung sorgen ebenso wie Symbolhandlungen für den nötigen Schub in die richtige Richtung. Darauf kommt es vor allem an:

- schnelle erste Schritte und kurzfristige Erfolge
- nahe Umsetzungsbegleitung und Monitoring
- Vorbild sein für die Neuerungen
- Workshops, Reviews und Retrospektiven

Alles „Alte" über Bord zu werfen, wäre eine einseitige Vorgehensweise in Richtung Erneuerung. Was ist mit dem bereits Geschaffenen und der entsprechenden Würdigung (siehe auch Widerstände S. 112)? Achten Sie auf beides: bewahren und erneuern.

Neues aufzubauen bindet Ressourcen. Wenn die Menschen schon an ihren Belastungsgrenzen arbeiten und zusätzlich noch Aufbauarbeit für die Transformation leisten sollen, wie soll das gehen? Deshalb achten Sie zuerst darauf, dass Sie Belastungen abbauen und Hindernisse aus dem Weg räumen (eliminieren Sie hinderliche Strukturen, die die Wertschöpfung behindern). Dann wird Umsetzungsenergie frei. Dass das eine Herausforderung ist, wissen wir.

7. Klassisches Change-Management/iteratives Vorgehen

Den Wandel planen, lenken und organisieren: Im klassischen Vorgehen bauen Sie dafür eine Projektorganisation zur bestehenden Struktur auf und legen die Meilensteine fest. Sie planen alle Prozesse, steuern, koordinieren, kontrollieren und evaluieren diese. Sie klären, welche Ressourcen benötigt und wie Entscheidungen getroffen werden. Wer hat einen Blick auf die Auswirkungen und wer sind die Promotoren (siehe S. 112 f.) im Wandel? Setzen Sie auf Freiwilligkeit und temporäre Task-Forces (Initiativ- und Umsetzungsteams).

Das iterative Vorgehen hat den Vorteil, dass relativ schnell erste Veränderungen sichtbar werden. Statt am Anfang alle Arbeitsschritte durchzuplanen, wird das Zukunftsbild und ein priorisiertes Backlog mit allen bekannten Komponenten erstellt. Die wichtigen Stakeholder werden frühzeitig eingebunden. In kurzen Planungs- und Umsetzungsphasen werden die Aufgaben erledigt, wobei im Review und in der Retrospektive ein kontinuierlicher Lernprozess stattfindet. So können auftauchende Hindernisse schnell identifiziert und veränderte Rahmenbedingen neu priorisiert werden. Diese fließen dann iterativ in den Prozess ein.

Sowohl klassische als auch agile Ansätze haben ihre spezifischen Vorzüge. Sind die Anforderungen an die Transformation geprägt von häufigen Änderungen, kurzen Planungshorizonten und einem hohen Forschungsanteil, überwiegen die Vorteile agiler Methoden deutlich. Sind Anforderungen, Ressourcen und Zeiten hingegen bekannt und ausreichend definiert, können auch klassische Methoden zum gewünschten Erfolg führen. Allerdings sollte die Haltung der involvierten Menschen zum Setting passen.

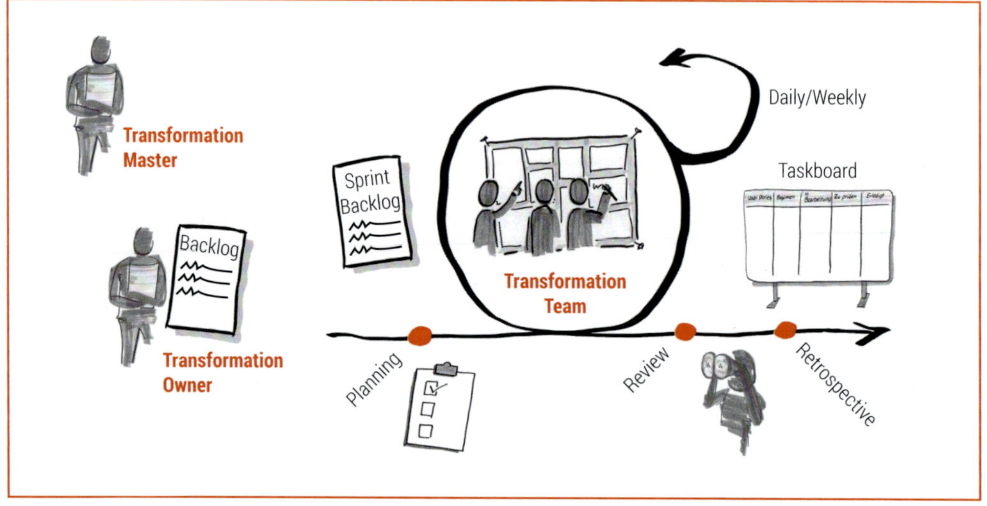

Abbildung 41: Iteratives Vorgehen im Sprint-Kreislauf

Im Changemanagement-Prozess ist es wichtig, sich dem Spannungsfeld fremd- vs. selbstgesteuert zu widmen. Die Basisprozesse sollten zueinander in einem ausgewogenen Verhältnis stehen, sodass die Führungskräfte und MitarbeiterInnen eigene Kompetenzen einbringen können, um Innovations- und Entwicklungsprozesse mitzugestalten, und keine Abhängigkeit zu Experten entsteht. Ähnlich wie bei den Diagnoseprozessen birgt ein reiner Expertenansatz die Gefahr, dass das System keine Fähigkeiten zur Selbststeuerung entwickelt. Doch das ist essenziell in der Transformation. Wenn entsprechende Fähigkeiten in der Organisation noch nicht vorhanden sind und Expertenwissen benötigt wird, dann achten Sie darauf, dass parallel und zeitgleich dazu Kompetenzen in der Organisation aufgebaut werden.

Setzen Sie auf den richtigen Mix aus direktiv und kooperativ. Sie können nicht jede Entscheidung mit allen MitarbeiterInnen diskutieren. Eine rein direktive Transformation ruft Widerstände hervor, die sehr schwer zu überwinden sind. Menschen werden zur Passivität verurteilt. Das widerspricht dem Entwicklungsgedanken der Transformation.

Im Folgenden werden Instrumente beschrieben, die Sie in der Transformation einsetzen können. In der Transformations-Box finden Sie alle im Überblick und den Wesenselementen zugeordnet (siehe S. 170 f.).

5.2 Die Diskrepanzanalyse

Die Diskrepanzanalyse dient der Kulturbeobachtung und -analyse, identifiziert die Abweichung zwischen dem gewünschten und gelebten Verhalten in einer Organisation und deckt das Veränderungspotenzial auf.

Unternehmen präsentieren sich nach innen und auch nach außen. Dafür nutzen sie ein Leitbild, Führungsleitlinien und ihre Unternehmensphilosophie. Dort sind meist auch der Unternehmenszweck, zentrale Wertestatements und das gewünschte Führungsverhalten hinterlegt. Viele Unternehmen zeigen das in Hochglanzbroschüren und präsent auf ihrer Homepage. Nicht immer stimmt das gelebte Verhalten in der Organisation jedoch damit überein. Das gilt für Wirtschaftsunternehmen genauso wie für Non-Profit-Organisationen – „Was außen draufsteht, ist nicht immer auch das, was drinnen lebendig ist."

Deklariertes Verhalten ist das, was offiziell „zu leben" behauptet wird. Es ist bewusst gesteuert. Alle formalen Informationen an die MitarbeiterInnen – Ansprachen, Reden, Mitarbeiterhandbuch, Memos, Ge-

Abbildung 42: Gelebtes und deklariertes Verhalten

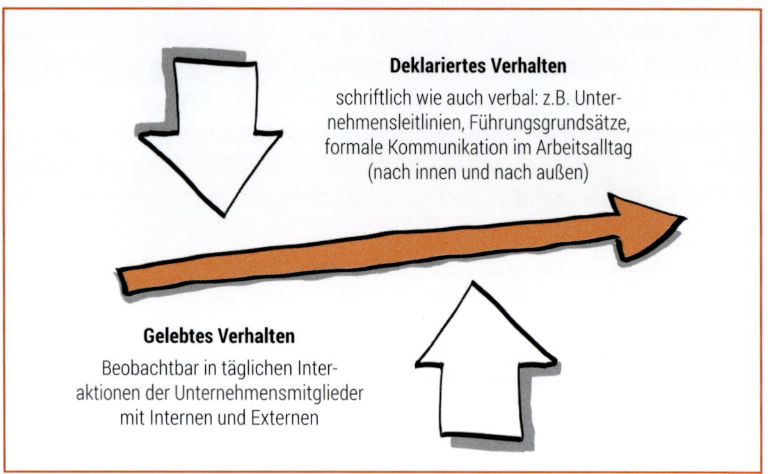

schäftsberichte, Umweltberichte, Inserate, Werbung, Blog, Newsletter etc. – gehören dazu.

Das gelebte (beobachtbare) Verhalten lässt sich in Sitzungen, Begegnungen (auf den Gängen, im Lift, in der Cafeteria, im Eingangsbereich), in der Interaktion von Führungskräften zusammen mit ihren MitarbeiterInnen, KollegInnen, Lieferanten und Partnern beobachten.

Beispiel:

- **Deklariertes Verhalten**: „Wir leben einen offenen und wertschätzenden Umgang miteinander."
- **Beobachtetes Verhalten**:
  - In den Teammeetings gibt es Vielredner, stillere TeilnehmerInnen kommen nicht zu Wort bzw. werden häufig unterbrochen.
  - Ungleichgewicht der Arbeitslast: Es gibt MitarbeiterInnen, die unter einer permanenten hohen Arbeitslast leiden, andere Teammitglieder erbringen hingegen Minderleistungen. Im Team wird nicht darüber gesprochen, ganz im Sinne von „Solange es funktioniert ...".
  - Schuldzuweisungen in den Management-Runden sind an der Tagesordnung.

> „Die Diskrepanzanalyse ist eine geeignete Methode, das Ausmaß an Unterschieden zwischen proklamiertem bzw. deklariertem und tatsächlich gelebtem Verhalten in einem Unternehmen oder einer Organisationseinheit aufzudecken und so für einen Entwicklungsprozess zugänglich zu machen."
> – Prof. Sonja Sackmann –

Und so geht's

1. **Informationen zu deklariertem Verhalten sammeln und auswerten:** Sammeln Sie die offiziellen verbalen Kommunikationen nach innen und außen (Newsletter, Mailings, Ansprache in E-Mails, Homepage, Broschüren, Leitbild ...). Anschließend filtern Sie die wichtigen Kernbotschaften mit Beispielen heraus. Vielleicht entdecken Sie hier bereits eine Inkonsistenz zwischen den Botschaften und den unterschiedlichen Unternehmenspräsentationen.

2. **Informationen zum gelebten Verhalten sammeln und auswerten:** Am einfachsten ist eine teilnehmende Beobachtung in Führungskräftemeetings, Begegnungen im Unternehmen in den Co-Working-Spaces, in der Kaffeeküche, in der Kantine oder auf den Gängen. Wie werden Besucher von den MitarbeiterInnen begrüßt? Wie gehen die Führungskräfte miteinander um, wie mit den Kunden, Lieferanten oder Partnern? Welchen Unterschied gibt es zwischen interner und externer Kommunikation?

3. **Diskrepanzen vergleichen:** Anschließend können Sie die kritischen Diskrepanzen aufdecken und thematisieren, Interventionen ableiten bzw. Strukturen verändern, die diese Diskrepanzen fördern.

Mit der Diskrepanzbeobachtung und -analyse ermöglichen Sie eine Bewusstseinsbildung von Abweichungen, Widersprüchen und Subkulturen in der deklarierten Unternehmenskultur.

Tipps und Hinweise

- Die Durchführung stellt hohe Anforderungen an die Person/Personen.
- Der Zugang zu wichtigen Informationen kann „behindert/verhindert" werden.
- Eine konstruktive Zusammenarbeit mit der internen Unternehmensentwicklung ist wichtig, um die Entwicklungspotenziale herauszuarbeiten.
- Fokussieren Sie sich auf konkrete Themen-/Fragestellungen.
- Erkennen Sie die wirklich bedeutsamen und zentralen Botschaften.
- Denken Sie bei weiterführenden Maßnahmen auch daran, förderliche Strukturen zu schaffen, die das deklarierte Verhalten begünstigen und nicht behindern.

Quelle: Sonja Sackmann. In: H. Roehl, B. Winkler, M. Eppler, C. Fröhlich (Hrsg.)(2012): Werkzeuge des Wandels. Schäffer-Poeschel, Stuttgart, S. 35ff.

5.3 Kulturanalyse

Zur vertiefenden Analyse können Sie die verketteten Gespräche nach Dr. Gerhard Wohland nutzen. Es handelt sich hierbei nicht um strukturierte Interviews, vielmehr es geht darum, möglichst nichts zu fragen, sondern das eigene Vorurteil über den Alltag des anderen auszusprechen. Das provoziert Ihren Gegenüber zur Korrektur und Sie erhalten Antworten zu Fragen, die Sie nie gestellt hätten.

Abbildung 43: Kulturanalyse zum Blick auf die „Hinterbühne"

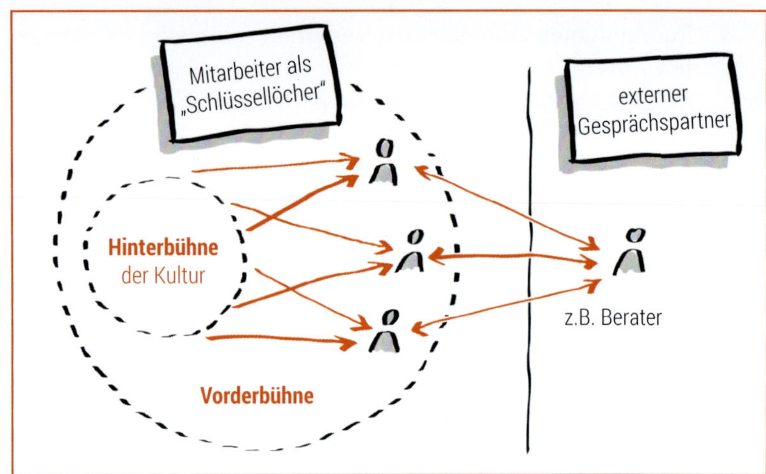

Quelle: Dr. Gerhard Wohland, www.dynamikrobust.com, Stuttgart

Und so geht's

Führen Sie verkettete **Vorabinterviews** mit ca. acht bis zehn MitarbeiterInnen (der zeitliche Rahmen liegt zwischen 60-90 Minuten), um sich einen Eindruck von der Organisation zu verschaffen. Sie sollten nicht alle Gesprächspartner vorab festlegen. Oft ergibt sich in den Gesprächen, dass es noch interessant wäre, mit XY zu sprechen.

Arbeitsblatt zum systemischen Fragen im Download

- Arbeiten Sie in den Gesprächen mit Hypothesen, die Sie bewusst provokant formulieren. Das veranlasst Ihren Gegenüber ggf. zur Korrektur. So kommen Sie in tiefere Schichten oder, wie es Dr. Gerhard Wohland formulieren würde, auf die „Hinterbühne" (vertieftes systemisches Fragen finden Sie im Download).
- Nach jedem Gespräch passen Sie die Hypothesen an, sodass Sie sukzessive immer besser den Zustand der Organisation beschreiben.
- Durch die Verkettung der Gespräche entsteht ein gemeinsames Bild/Muster über die Struktur und Kultur der Organisation.

Ein praktisches Beispiel dazu: Nehmen wir an, eine der Hypothesen heißt: „MitarbeiterInnen übernehmen keine Verantwortung, weil sie Angst vor den Konsequenzen haben, wenn sie etwas falsch machen." Einer der Interviewteilnehmer stimmt dem im Gespräch zu, ergänzt aber, dass es so noch nicht ganz stimmt. Daher wird die Hypothese für das nächste Gespräch angepasst, z.B. so: „MitarbeiterInnen übernehmen keine Verantwortung und sichern sich immer bei ihrer Führungskraft ab, damit sie bei Fehlern die Schuld von sich abweisen können." Je nachdem, wie der Gesprächspartner reagiert, wird die Hypothese wieder angepasst, bis sich ein Bild/Muster verfestigt.

In einem **gemeinsamen Workshop** werden auf Basis der Vorabinterviews Hypothesen und Beobachtungen über die Organisation formuliert.

- Die Hypothesen sollten bewusst provokant formuliert werden, denn das öffnet für einen echten Dialog.
- Gemeinsam werden dann konkrete Handlungsfelder identifiziert und Maßnahmen formuliert. Daraus kann dann ein gemeinsames Backlog erstellt werden.

In einem oder mehreren **gemeinsamen Reviews und Retrospektiven** werden die Ergebnisse vorgestellt. Zeigen sich Hindernisse, dann sollten diese bearbeitet werden. Gibt es weitere Anforderungen, so werden diese integriert und im Backlog neu priorisiert.

Eine regelmäßige Retrospektive hilft, nicht wieder in alte Denk- und Verhaltensmuster zu fallen und den Prozess der Transformation weiterzugehen.

5.4 Kraftfelder bewusst machen

Die Kraftfeldanalyse von Kurt Lewin ist eine der grundlegenden Methoden in der Organisationsentwicklung. Ziel der Kraftfeldanalyse ist es, die Kräfte in einem Transformationsprozess und deren Zusammenwirken herauszuarbeiten. Welche Kräfte unterstützen, welche behindern die Veränderung und wie können die „guten Gründe" des Widerstands für die Veränderung genutzt werden? Ziel ist also, die Potenziale bewusst zu machen, welche die Transformation unterstützen und aktivieren. Hindernisse werden bewusst und können so gezielt betrachtet und bearbeitet werden.

Ist Ihnen klar, unter welchen Kräften die Transformation „segelt"? Welche Kräfte haben einen Einfluss auf den Erfolg und welche Wirkung hat die Kraft?

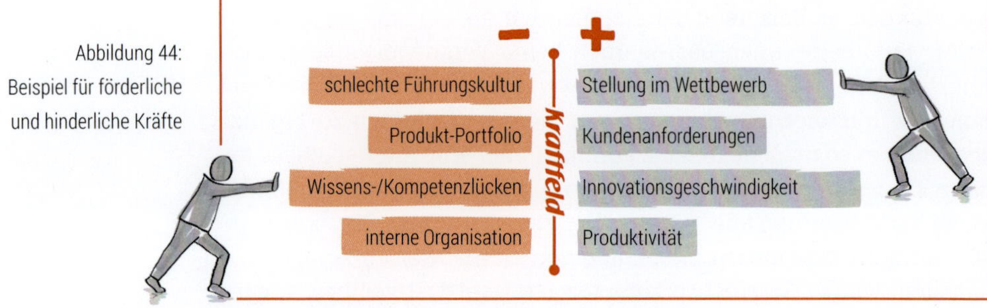

Abbildung 44: Beispiel für förderliche und hinderliche Kräfte

Und so geht's

1. Beschreiben Sie die gegenwärtige Situation (Problem, Projekt, Change-/Transformationsvorhaben).
2. Was soll das Ziel, die Lösung oder der Unterschied sein?
3. Sammeln Sie nun alle förderlichen und hinderlichen Kräfte und stufen Sie die Kraft auf einer Skala von +5 bis –5 ein.
4. Diese Kräfte können Sie nun sortieren nach Verhaltens- (Führung, Kooperation, Einstellungen etc.) und Sachdimensionen (Organisation, Personal, Ressourcen etc.) oder nach Einfluss, Wichtigkeit und Bedeutung für die Transformation.
5. Gehen Sie auf Ursachensuche und finden Sie Möglichkeiten, wie Sie die Kräfte verstärken oder verhindern und hemmende Kräfte in ihrer Wirksamkeit schwächen können.
6. Leiten Sie jetzt konkrete Handlungsschritte ab und führen Sie regelmäßig Reviews und Retrospektiven durch.

Tipps und Hinweise

- Nehmen Sie sich ausreichend Zeit.
- Identifizieren Sie die wirklichen förderlichen und hinderlichen „Faktoren".
- Geben Sie sich nicht mit den Symptomen zufrieden. Verwenden Sie die fünf Warum-Fragen, um das Problem und die Kräfte tiefer zu verstehen.
- Nutzen Sie immer wieder die Metaperspektive, um von außen auf das System und die Kräfte zu blicken. Wechseln Sie beispielsweise die Perspektive und betrachten Sie das System aus Sicht eines Kunden, denn manchmal sieht man den Wald vor lauter Bäumen nicht.
- Was für Sie persönlich ein hemmender Faktor ist, kann für das System ein stabilisierender Faktor sein.
- Manipulieren Sie sich nicht selbst, indem Sie Faktoren auswählen, die zu Ihren persönlichen Wünschen/Verhaltenspräferenzen passen.

Eine Arbeitshilfe zu den Warum-Fragen finden Sie im Download.

5.5 Die Beteiligten: Die Stakeholder-Analyse

Die Transformation greift tief in die Strukturen, Prozesse, Verantwortlichkeiten und Gewohnheiten der betrieblichen Akteure ein und ruft deshalb oftmals massive Widerstände (siehe S. 114 ff.) hervor. Die Stakeholder-Analyse ist vielen aus dem Projektmanagement bekannt. Damit verschaffen Sie sich einen Überblick über das soziale Umfeld (personenbezogene Probleme bei den wichtigsten Interessengruppen). Im Vorfeld können Sie mögliche Umsetzungshindernisse identifizieren und auch vermeiden. In der Analyse werden systematisch die betroffenen Personen betrachtet, um sie gezielt in die Transformationsgestaltung einzubeziehen.

Und so geht's

1. Identifizieren Sie die wichtigsten Interessengruppen (Top-Management, Vorstand, Aufsichtsrat, Führungskräfte, Eigentümer, Betriebsrat, Gewerkschaften, Verbände, MitarbeiterInnen, Kunden, Lieferanten, Behörden, Finanzamt, Aktionäre, Funktionen im Unternehmen etc.).

2. Machen Sie sich mit einer Tabelle die Interessen der Stakeholder bewusster. Wer ist wie betroffen und wer hat welchen direkten oder indirekten Einfluss auf den Erfolg der Transformation? Welchen Beitrag können die Stakeholder leisten und wie können Sie diese dafür gewinnen, die Transformation aktiv mitzugestalten?

Abbildung 45: Stakeholder und ihre Interessen identifizieren

Stakeholder	Interessen (Ziele)	Betroffenheit? (Skala 0-10)	Direkter Einfluss? (Skala 0-10)	Einstellung der Stakeholder? (subjektive Einschätzung)	Möglicher Beitrag	Aktion
A	Ziel A	10	10	positiv, evtl. Unterstützer		
B	Ziel B	9	9	abwartend, neutral		
C	Ziel C	10	3	kritisch, evtl. Widerstand		
D	Ziel D	5	5	abwartend, neutral, Tendenz kritisch		

3. Bilden Sie dann die Stakeholder nach Einfluss und Interesse in einer Matrix ab (siehe Abb. 46). So wird es für Sie leichter, diese gezielt anzusprechen und aktiv einzuladen, die Transformation mitzugestalten.

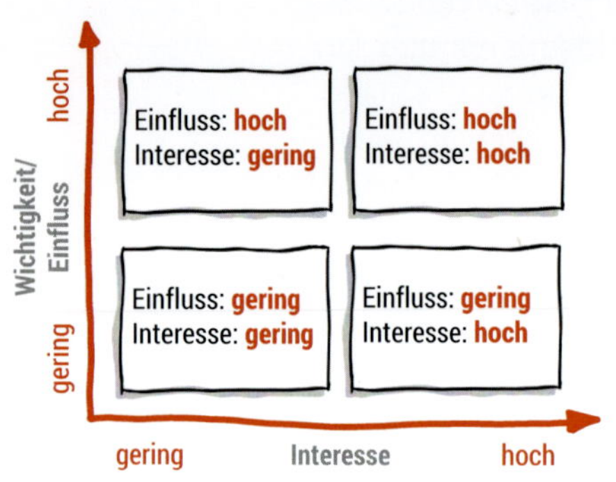

Abbildung 46: Stakeholder-Matrix

Stakeholder, die einen **hohen Einfluss und ein starkes Interesse** an der Transformation haben, können große Wirkung im Veränderungsprozess erzielen und beeinflussen den Erfolg wesentlich. Sie sollten deshalb von Beginn an aktiv an der Gestaltung beteiligt und auch in die Planung intensiv eingebunden werden, da sonst erhebliche Risiken entstehen können.

Stakeholder, die einen **hohen Einfluss** ausüben können, aber **weniger davon betroffen** sind, sollten von Beginn an informiert und um entsprechende Rückmeldungen und Feedback gebeten werden. Nehmen Sie die Wünsche sehr ernst und binden Sie sie in alle Kommunikationsaktivitäten ein.

Stakeholder, die in einem **hohen Maß von der Transformation betroffen** sind, aber **wenig Einfluss** auf den Erfolg haben, sollten Sie regelmäßig um Rückmeldung und Feedback bitten. Überlegen Sie sich, wie Sie die Betroffenen beteiligen und zur Mitgestaltung einladen können. Das sichert die Motivation und das Engagement. Fangen Sie auch regelmäßig eventuell auftretende schlechte Stimmungen auf.

Stakeholder, die **wenig betroffen** sind, ein **geringes eigenes Interesse** an der Veränderung haben und auch keinen direkten Einfluss auf den Erfolg des Wandels haben, sollten Sie über die Umsetzung informieren (Meilensteine oder Review-Ergebnisse).

Fördern Sie einen aktiven Stakeholder-Dialog

Der Dialog fördert einen strukturierten Austausch mit den verschiedenen Interessengruppen. Die Stakeholder werden zielgerichtet eingebunden, um Informationen systematisch zu gewinnen sowie Interessenkonflikte frühzeitig zu erkennen und zu bearbeiten. Für die Betroffenen bietet er eine wichtige Plattform zum Austausch, um die eigenen, oft unterschiedlichen Ziele, Anliegen sowie Know-how einzubringen und Einfluss zu nehmen.

Für ein gutes Gelingen von Stakeholder-Dialogen sind folgende Prinzipien wichtig:

- Echter Austausch, also ein Dialog
- Aktives Zuhören und gezieltes Fragen
- Begegnung auf Augenhöhe
- Wertschätzung und Geduld für die unterschiedlichen Aspekte der Interessen
- Hierarchie und Machtunterschiede sollten den offenen Dialog nicht behindern
- Externe Moderation fördert Offenheit

Vertiefende Infos zu diesem und vielen anderen Tools finden Sie im Buch von Sven Lundershausen (2015): Die Moderation strategischer Initiativen. Bonn, managerSeminare.

5.6 Die Ebenen von Commitment oder: Alle im Boot?

Wie tragfähig ist das Commitment für die Transformation und worin besteht es? Dieses Instrument unterstützt Sie, Klarheit über die Ebene des Commitments in der Organisation zu gewinnen. Überlegen Sie auch, welche Ebene Sie mindestens erreichen wollen. Dies sind die unterschiedlichen **Ebenen von Commitment**:

- **We agree to disagree:** Die Personen erkennen und akzeptieren, dass sie unterschiedliche Meinungen zur Lage haben.
- **Es gibt ein Problem:** Die Personen sind sich darüber im Klaren, dass ein Problem besteht, jeder sieht aber möglicherweise ein anderes Problem.
- **Es gibt dieses Problem:** Die Personen sehen alle das Problem und sind sich allgemein über die Problemdefinition einig. Achtung: Dies bedeutet nicht gleichzeitig, dass alle denken, dass dies auch wirklich schwerwiegende Auswirkungen hat oder dass jetzt ein guter Zeitpunkt wäre, das Problem anzugehen.
- **Es gibt dieses Problem und es sollte etwas getan werden:** Die Notwendigkeit, Maßnahmen einzuleiten, wird allgemein akzeptiert.
- **Es gibt dieses Problem – und diese Maßnahmen sollten durchgeführt werden:** Es besteht Einigung darüber, welche Maßnahmen einzuleiten sind, nicht aber, worin die Lösung besteht (z.B. erst genaue Daten zu sammeln, um dann eine Lösung zu beschließen).
- **Die Lösung besteht darin, ...:** Alle sind sich einig darüber, dass dies die Lösung für das Problem ist.

Fordern Sie von Ihren MitarbeiterInnen eine Zustimmung auf einer Ebene, die noch nicht bewusst wahrgenommen wird, fühlen sich die Menschen in der Organisation schnell überfahren. Sie gehen direkt in den Widerstand oder geben Lippenbekenntnisse ab. Um sie wirklich zu erreichen, ist es wenig hilfreich, umfassende und zahlenlastige Analysen und PowerPoint-Schlachten zu veranstalten, vielmehr ist es zielführender, die Situation so anschaulich wie möglich zu verdeutlichen. Inspiration dafür können Sie sich im Kapitel 1 holen. Wecken Sie die Emotionen bei Ihren MitarbeiterInnen, denn kritische Situationen können gefühlt und gespürt werden. Verkaufen Sie auch das Problem. Rütteln Sie wach und erzeugen Sie ein Diskrepanzerlebnis. Probleme und Tun gehören zusammen. Geben Sie Sicherheit, z.B. indem Sie Beispiele aus Ihrer Branche aufzeigen, die es bereits erfolgreich geschafft haben, sich zu transformieren, und dass es möglich ist, etwas zu verändern.

Tipp

Erzeugen Sie ein Problembewusstsein durch Marktanalysen, Wettbewerbsvergleiche, Transparenz über Zahlen, Daten, Fakten oder malen Sie konkret aus, was passieren kann, wenn das Unternehmen weiter erstarrt. Die Beispiele sind bekannt: Nokia, Kodak, Grundig, Quelle, AEG ...

5.7 Die Transformationsformel

Die Veränderungsformel kann systematisch als Gesprächs- und Kommunikationsstrategie, aber auch als Analyse-Maßnahmenplanungs-Tool genutzt werden. Die Bestandteile der Transformationsformel sollten folgende Aspekte enthalten:

T – Bereitschaft zur Transformation
U – Das U steht für Unbehagen, und das sollte erhöht werden, um eine Unzufriedenheit mit dem IST-Zustand zu erreichen.
Z – Das Zielbild „muss" attraktiv sein, damit ausreichend Energie und eine Sogwirkung für die Transformation entsteht.
W – Mit dem W ist der praktikable und mögliche Weg vom IST zum SOLL gemeint.
K – Das K steht für die Kosten (Geld, Widerstände, Ängste usw.) der Transformation.

Aus diesen fünf Faktoren setzt sich schließlich die Transformationsformel zusammen:

$$T = (U \times Z \times W) > K$$

Das U, das Z, das W und das K sind wichtige Energiequellen für den Wandel und die Veränderungsbereitschaft. Sie sorgen für die nötige Schub- und Zugkraft. Ein hohes Maß an Unzufriedenheit mit der derzeitigen Lage und das Wissen, was als Nächstes zu tun ist, reicht nicht aus, um den Wandel erfolgreich zu durchlaufen, solange eine konkrete Vorstellung vom Ziel fehlt. Ebenso wird es wenig Veränderung geben, wenn zwar eine inspirierende Vision erarbeitet und die nächsten Schritte definiert wurden, aber keine Unzufriedenheit mit der derzeitigen Situation (Wohlfühlzone) herrscht. Wenn die „Kosten" höher sind als das Unbehagen, das Zielbild und der Weg, dann fehlt die Bereitschaft, sich auf die Transformationsreise zu begeben.

5.8 Quick Wins

Kurzfristige Umsetzungserfolge sind besonders im Wandel wichtig, da es einfach Zeit braucht, bis die großen Erfolge sichtbar werden. Quick Wins motivieren die MitarbeiterInnen, Unterstützer und Promotoren. Sie nehmen den kritisch eingestellten Personen den Wind aus den Segeln. Mit sichtbaren Beweisen für die Wirksamkeit der Transformation halten Sie das Engagement der Beteiligten hoch. Quick Wins sind die Stabilisatoren und geben Zuversicht.

Kriterien für wirkliche kurzfristige Unternehmenserfolge

- Sie sind sichtbar: Zahlen, Daten, Fakten (klare Leistungsverbesserungen).
- Sie sind eindeutig positiv: Es gibt keine Kritikpunkte.
- Sie würdigen die Veränderungsarbeit aller und sorgen für Motivation.
- MitarbeiterInnen bleiben an Bord und entwickeln wieder neuen Schwung.
- Sie haben einen deutlichen Bezug zum Transformationsprozess.

Die Pay-off- oder Erfolgsmatrix

1. Sammeln Sie gemeinsam Maßnahmen in einem Brainstorming.
2. Ordnen Sie die Ideen in die untenstehende Matrix ein.
3. Finden Sie die Quick Wins und setzen Sie diese kurzfristig um.

	Schwer zu implementieren	Leicht zu implementieren
Großer Erfolg	Spezielle Anstrengung	Geschäftsmöglichkeiten
Geringer Erfolg	Zeitverschwendung	Schneller und leichter Gewinn

Abbildung 47: Die Pay-off- oder Erfolgsmatrix

Tipp

Quick Wins können gemeinsam in Dialogveranstaltungen erarbeitet werden. So geben Sie den Menschen in der Transformation die Möglichkeit, sich einzubringen, schaffen Gelegenheit für einen aktiven Austausch und spornen zum Mitwirken an. Wenn die Erfolge eintreten, ist die Motivation bei den MitarbeiterInnen umso größer. Selbstverständlich sollten Sie auch daran denken, die Quick Wins in die regelmäßige Kommunikation einzubauen.

5.9 Systematisch kommunizieren

Wandel braucht Interaktion, Feedback und eine offene Lernkultur, denn Transformationen lösen einen hohen Bedarf an Informationen aus. Viele Menschen fühlen sich in der Veränderung zu wenig informiert. Laut einer Studie der Management-Beratung Kienbaum schätzen 79 Prozent der Befragten die Kommunikation mit internen und externen Anspruchsgruppen als sehr wichtig ein, um Veränderungsprozesse erfolgreich durchzuführen. Doch gerade hier passieren häufig Fehler. Deshalb:

Informieren Sie gezielt: Nutzen Sie die **vier Ws der Kommunikation** zielgerichtet. **Wer** sagt **was**, **wann**, **wem** und mit welchem Ziel? Was ist der Sinn und Zweck? Und vor allem: Informieren Sie widerspruchsfrei. Bieten Sie Dialoge an und stellen Sie offene Fragen. Greifen Sie die Befürchtungen auf und lassen Sie diese nicht unbeantwortet.

Unterschiedliche Kommunikationsformate sorgen für Abwechslung: Wiederholen Sie sich und nutzen Sie analoge sowie digitale Kommunikationsformate. Dazu gehören Newsletter, Blog, Videos, Business-TV, Konferenzen, Präsenzveranstaltungen, Intranet, Dialogformate, Informationsmärkte und Diskussionsrunden. Verankern Sie so die Transformationsbotschaft.

Formulieren Sie aus der Transformationsformel (siehe S. 148 f.) **eine Change-Story**: Erklären Sie in einer überzeugenden Story (siehe S. 152 f.), was die Transformation Positives bewirkt und warum Sie tun, was Sie tun (Nutzen). In Zeiten der Digitalisierung lassen Sie das am besten multimedial aufbereiten und verbreiten es über unterschiedliche Kanäle.

Der O-Ton des Top-Managements macht den Unterschied: Deshalb empfehlen wir einen Vorstandsblog, der direkt und für alle MitarbeiterInnen gleichzeitig den Status quo glaubwürdig vermittelt. Probleme, Hindernisse, Einflüsse sollten offen benannt werden und vor allem auch, was die nächsten Schritte sind. Denken Sie an die Quick Wins.

Ein Arbeitsblatt „Veränderungen kommunizieren" finden Sie im Download.

Die Kommunikatoren im Wandel sind die Führungskräfte: Wichtig ist darüber hinaus Ihre Haltung. Nur wenn die Führungskräfte als Vorbilder im Wandel vorangehen und voll und ganz hinter der Veränderung und der Change-Story stehen, bekommt Ihr Transformationsvorhaben den nötigen Schwung.

MitarbeiterInnen wollen wissen: „Was ist für mich drin?"

Sie werden sicherlich nicht alle Fragen beantworten können, die Ihre MitarbeiterInnen bewegen. Versuchen Sie es dennoch und nehmen Sie das Gespräch auf. Die Menschen in der Organisation wollen wissen:

- Was passiert mit mir?
- Wie verändert sich mein Arbeitsplatz?
- Wie verändert sich meine Rolle?
- Wer wird meine neue Führungskraft und arbeiten wir dann selbstorganisiert und agil?
- Was wird aus meinem Team?
- Mit wem werde ich zukünftig zusammenarbeiten?
- Heißt unsere Firma dann anders?

Vor allem die Führungskräfte haben „Angst" vor der Transformation und auch vor dem Verlust des „gefühlten" Status. Bin ich nach dem Change auch noch Führungskraft? Was denken meine Familie, meine Freunde, meine MitarbeiterInnen? Wie wird mein Ansehen im Unternehmen sein? Gehöre ich dann zu den Verlierern in der Transformation? Wie verändert sich meine Führungsrolle? Werde ich es schaffen, coachiv und inspirativ zu führen?

Auch wenn Sie nicht immer eine Antwort haben, wichtig sind Austausch und Dialog. Nehmen Sie die Bedürfnisse Ihrer MitarbeiterInnen und Ihre eigenen wirklich ernst.

Erzählen Sie eine gute Transformationsgeschichte

Eine inspirierende Story sorgt für eine gute Kommunikation im Change. Schon unsere Vorfahren haben auf diese Weise wichtige Botschaften weitergegeben. Denken Sie an die Höhlenzeichnungen, die es schon vor Tausenden von Jahren gab oder an die Tempel- und Grabinschriften in Ägypten, Mexiko oder Asien.

Die „Geschichte" lebt von einer Sprache, die aktiv, lebendig und aktivierend wirkt. Sie soll den unternehmerischen Funken entzünden. Mit positiv und emotional formulierten Botschaften erreichen Sie nicht nur den Kopf, sondern auch das Herz der Menschen. Arbeiten Sie den Nutzen genau heraus und zeigen Sie deutlich auf, warum die Transformation jetzt wichtig ist und was diese Positives bewirken wird. Die Change-Story zahlt auf die Systemklimadimensionen Klarheit, Sicherheit und Glaubwürdigkeit ein. Als Grundlage können Sie die Transformationsformel auf Seite 149 nutzen.

Ihre Marketing-Abteilung ist hier gefordert oder holen Sie sich jemanden dazu, der Sie bei der Master-Story unterstützt. Denn sie ist die Basis für alle Botschaften und Statements und sollte über alle Kommunikationskanäle verbreitet werden. Folgende zentrale Fragestellungen muss eine Change-Story beantworten:

- Warum müssen wir uns transformieren?
- Was wollen wir erreichen, wie ist unser Zukunftsbild?
- Was passiert, wenn wir uns nicht transformieren?
- Was sind die geänderten Anforderungen?
- Was gestalten wir neu, was bleibt so, wie es jetzt ist?
- Was verändert sich im Arbeitsalltag des Unternehmens bzw. der Organisation?
- Wie gehen wir vor? Wie gestalten wir die Transformation und warum?

Tipp: So gelingt Ihnen eine gute Transformationsgeschichte

- Wählen Sie neue Formulierungen, die differenzieren.
- Finden Sie Schlüsselbegriffe und überraschen Sie mit einer spannenden Sprache.
- Nutzen Sie emotionale, anschauliche Symbole und Metaphern.
- Wählen Sie eine klare Sprache, vermeiden Sie dabei Konjunktionen, Vergleiche oder Pauschalisierungen.

- Nennen Sie die Zahlen, Daten und Fakten.
- Ein Bild sagt mehr als tausend Worte. Lassen Sie das „Zukunftsbild" konkret werden, entwerfen Sie ein Logo und ein Branding für die Transformation.

Von der Besprechung zum Meet-up

Sie wünschen sich eine bessere Meeting-Kultur, welche die Transformation und den Wandel unterstützt? Also weg vom „Jammertal" hin zu echten „Flow-Meetings"? Dann laden Sie Ihre MitarbeiterInnen zukünftig zu Meet-ups ein. Sie erreichen damit mehr Fokus, eine klare Orientierung, eine aktive und konstruktive Beteiligung und ein stärkeres Verantwortungsbewusstsein während und vor allem auch nach den Besprechungen. Einige Forscher konnten sogar empirisch nachweisen, dass es einen direkten Zusammenhang zwischen Sitzungsqualität und Mitarbeiterzufriedenheit gibt.

Meet-ups sind ...

- **freiwillig:** Ab sofort haben Sie die Wahl. Sätze wie „Ich muss jetzt ins Meeting" gehören der Vergangenheit an.
- **interaktiv:** Agile Moderationsmethoden stehen im Vordergrund. „One-Man-/Woman-Shows" bzw. einer redet und alle anderen hören zu (oder auch nicht), haben Seltenheitswert. Es geht um eine aktive Beteiligung aller.
- **mit visueller Vielfalt gestaltet:** Bye-bye PowerPoint! Poster, Post-its, Skizzen auf dem Flipchart oder Whiteboard laden zum Mitmachen ein.
- **gut vorbereitet mit einer visualisierten Agenda:** Gute Vorbereitung sorgt für Orientierung. Sie bringt die richtigen Menschen am richtigen Ort zusammen. Die Agenda kann zum Beispiel gemeinsam erarbeitet, priorisiert und für alle gut sichtbar im Raum aufgehängt werden. So weiß jeder, worum es geht und welche Themen heute besprochen werden.
- **zeitgemäß, sie dauern 20 bis 45 Minuten:** Ihr Prinzip „Kurz & knackig" mit Timeboxing verhindert Langatmigkeit und erzeugt Dynamik. Ist die vereinbarte Zeit erreicht, ist das Meet-up vorbei.
- **fördern Begeisterung:** Wer sich an die Punkte hält, für den werden die Arbeitstreffen zum Erlebnis und sind nicht länger notwendiges und langweiliges Übel.

Tipp

Stellen Sie sich künftig diese drei Basisfragen, um zu entscheiden, ob Sie an einem Meeting teilnehmen:

- Kann ich etwas beitragen?
- Kann ich etwas lernen?
- Habe ich etwas zu entscheiden?

Wenn Sie drei Mal mit Nein geantwortet haben, gibt es keinen Grund, an dem Meeting teilzunehmen (außer es gibt Schoko-Kekse, Häppchen oder Prosecco ☺). Etablieren Sie das auch in Ihrem Team.

Vertiefende Literatur zum Thema finden Sie bei Martin J. Eppler und Sebastian Kernbach (2018): Meet up! Stuttgart, Schäffer-Poeschel.

5.10 OKR – die Führungsmethode aus dem Silicon Valley

Google, LinkedIn, Xing, Mymuesli, Zalando, Trivago sind nur ein paar bekannte Namen, die OKRs eingeführt haben. Die ursprünglich von Intel entwickelte und durch Google bekannt gewordene Methode Objectives and Key Results kommt bei immer mehr Unternehmen zur Anwendung, um agil, transparent und erfolgreich zu arbeiten. Doch was steckt hinter OKR?

Objectives and Key Results – kurz OKR – ist ein strukturgebendes Zielmanagementsystem, mit dem sich unternehmensweit strategische Ziele definieren lassen. Sie werden an die Arbeit aller MitarbeiterInnen gekoppelt und führen so zu einer besseren Kommunikation und Transparenz. Das „O“ steht für die Objectives, also die Ziele, die motivierend und herausfordernd wirken. Das „KR“ steht für Key Results, also für die Kernergebnisse oder Erfolgstreiber.

OKR verbindet die Menschen im Unternehmen. Gemeinsam werden die Ziele miteinander abgestimmt und diese sind vom Auszubildenden bis zum Vorstandsvorsitzenden für alle transparent. Jeder weiß also, was er/sie zum Gesamterfolg beitragen kann.

Um Teams auf die Unternehmensziele auszurichten, empfiehlt sich ein klarer Fokus auf die nächsten drei Monate. Der definierte Rahmen gibt Handlungssicherheit und lässt genug Zeit, um beweglich auf Veränderungen reagieren zu können. OKR ist ein agiles Framework und basiert auf agilen Werten und Prinzipien. OKR schafft die Verbindung der Vision und Strategie mit den Arbeitsaufgaben. Die Führungskraft hat die Aufgabe, dass die MitarbeiterInnen die Strategie verstehen und umsetzen können.

Abbildung 48:
Vergleich MbO und OKR

Vergleich von OKR und Management by Objectives and Self Control		
Management by Objectives and Self-Control	**Objectives and Key Results**	**Erwünschte Wirkung bei OKR**
Jährliche Vereinbarung von Zielen, die die SMART-Kriterien erfüllen (spezifisch, messbar, attraktiv, realistisch, terminiert) und jährliche Prüfung der Zielerreichung	Quartalsweise Abstimmung von Zielzuständen und konkreten Schlüsselergebnissen bei fortlaufender gemeinsamer Bewertung des Fortschritts	• Die Formulierung von Zielzuständen soll die intrinsische Motivation ansprechen. • Konkret formulierte Schlüsselergebnisse sollen zu eindeutigen und klar verständlichen Handlungssträngen führen. • Die regelmäßige Bewertung des Fortschritts soll das gemeinsame Lernen fördern. • Die kurzfristige Taktung soll sicherstellen, dass zu jedem Zeitpunkt eine sinnvolle Priorisierung vorliegt und der Fortschritt mit geeigneten Indikatoren gemessen wird.
Top-down-Prozess mit gemeinsamer Zielvereinbarung zwischen Führungskraft und Mitarbeiter	Auf Unternehmensebene initiierter Prozess mit starker vertikaler und horizontaler Abstimmung; Formulierung der eigenen Ziele durch die Mitarbeiter selbst	• Jeder Mitarbeiter soll seinen Beitrag zu den Team-, Bereichs- und Unternehmenszielen in direkter Linie kennen. • Die Mitarbeiter und Teams sollen auf Basis einer akzeptierten Verantwortung agieren. • Das Zielsystem soll allen Beteiligten transparent sein. • Transparenz und bereichsübergreifende Abstimmung auf Basis konkreter Vorhaben soll ein echtes Zusammenwirken fördern.
Fokus auf Rahmenbedingungen und Erreichbarkeit der Ziele	Formulierung von „Overshot“, also überambitionierten Zielen	Nicht bzw. extrem schwer zu erreichende Ziele sollen disruptives „Out of the Box“-Denken sowie Veränderungs- und Innovationsbereitschaft fördern.
Verknüpft mit finanziellen Anreizen	Nicht mit finanziellen Anreizen verknüpft	Die Entwicklung weg von einer transaktionalen Führung, die auf dem Austausch von Leistung gegen Bezahlung beruht, hin zu einer entwicklungsorientierten Führung soll gefördert werden.

Quelle: Dr. Marco Olavarria: Objectives and Key Results – ein Managementsystem macht Karriere. In: changement! Heft 02/2019, S. 36-38.

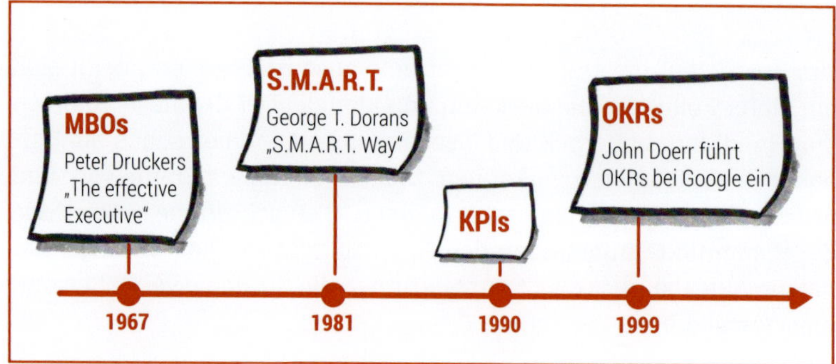

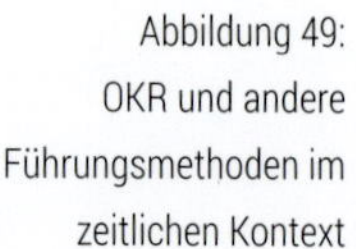
Abbildung 49: OKR und andere Führungsmethoden im zeitlichen Kontext

Voraussetzung ist eine klare und für alle verständliche Vision. OKR regt an, ambitionierte Ziele (Objectives) zu definieren, denen jeweils messbare, nachvollziehbare und voneinander unabhängige Ergebnisse (Key Results) zugeordnet werden. Jede/r MitarbeiterIn des Unternehmens versteht mit den OKRs, was die konkreten Ziele sind und wie diese auf die unternehmensweiten Ziele einwirken. Gleichzeitig erhält er/sie einen konkreten Einblick in andere Objectives und Arbeitsinhalte aus dem Unternehmen und erkennt so den übergreifenden Zusammenhang.

Der OKR-Prozess startet auf der Geschäftsführer- resp. Top-Management-Ebene: Hier werden die unternehmensweiten Ziele definiert, an denen sich dann die anderen Abteilungen und Ebenen bei der Formulierung ihrer eigenen Ziele orientieren. Die Geschäftsführung gibt also anhand ambitionierter Ziele in Verbindung mit messbaren Ergebnissen die wesentliche strategische Ausrichtung des Unternehmens vor und lässt diese dann auf die unterschiedlichen Ebenen kaskadieren (Company, Abteilung/Bereich, Team, MA-Ebene). OKR ist ein Top-down- (40 Prozent) und Bottom-up-Ansatz (60 Prozent), denn die Abteilungen und Teams wissen am besten, wie sie zum Unternehmensziel beitragen können. **OKR hat einen hohen Nutzen** für alle Organisationsmitglieder, denn

- es zeigt das Big Picture und auch den einzelnen Beitrag,
- die Ziele werden verdichtet,
- es schafft Transparenz und hilft, sich auf die wichtigen und richtigen Dinge zu fokussieren, Doppelarbeiten werden vermieden,
- es erzeugt eine eindeutige Klarheit im Doing und macht auch deutlich, was nicht zu tun ist,
- die Erfolge werden jeweils im Review pro Quartal gemessen, so wird schnell deutlich, was funktioniert und was nicht,
- die MitarbeiterInnen und Teams werden sich über die eigenen Aufgaben und Ziele klarer, das fördert die intrinsische Motivation und die Selbstorganisation,

- die Menschen können sich gestalterisch einbringen, werden beteiligt und integriert,
- der Quartalsfokus reduziert außerdem Stress.

Wichtig ist: Ziele statt Überschriften, die konsequente Ausrichtung aller Prozesse und Meetings auf OKR, die cross-funktionale Ausrichtung muss unterstützt, die Abteilungen/Teams und Ressourcen müssen einbezogen werden.

Abbildung 50:
Der OKR-Zyklus

Die OKR-Methode liest sich leichter, als sie tatsächlich in der Praxis anwendbar ist. Denn auch bei dieser agilen Methode ist das Mind-Set eine wichtige Voraussetzung.

Wenn Sie tiefer in die Methode einsteigen wollen, empfehlen wir Ihnen das Buch: John Doerr (2018): OKR Objectives & Key Results – Wie Sie Ziele, auf die es wirklich ankommt, entwickeln, messen und umsetzen. München, Verlag Franz Vahlen. Alternativ schauen Sie sich einen Erklärfilm dazu auf YouTube an: Geben Sie einfach OKR ein. Sie finden viele interessante Ergebnisse.

OKR heißt raus aus der Komfortzone und geht mit einem Kulturwandel einher.

6 Gut zu wissen

In unserem vorletzten Kapitel gehen wir auf die Rollen und Gremien ein und auf das spannende Thema Führung und Macht in Veränderungsprozessen.

6.1 Rollen und Gremien

Wer wirkt in welcher Rolle mit? Das ist eine wichtige Frage für das Gelingen. Auch Gremienbildung gehört dazu. Sie gestalten, entscheiden, regen an und haben oft großen Einfluss. Eine klare Zuordnung der Rollen und ihres Handlungsspielraumes ist ebenso wichtig, wie die passenden Menschen mit den entsprechenden Kompetenzen zu gewinnen. Denn ihr Einflusspotenzial ragt weit über die formale Macht hinaus.

Change-ManagerInnen und Change-Agents

Ganz generell wird das natürlich in jedem Unternehmen anders definiert und gelebt. Häufig werden die nachfolgenden Bezeichnungen verwendet.

Der/die Change-ManagerIn ist verantwortlich für alle Maßnahmen, welche im Zuge des Change-Managements getroffen werden, berät die Führungskräfte in Fragen der Organisationsentwicklung (OE) und begleitet den Transformationsprozess des Unternehmens als ModeratorIn, Coach und ProzessbegleiterIn. In Zeiten der Veränderung werden die Aufgaben für Change-ManagerInnen immer situativer und damit wesentlich komplexer.

Der/die Change-AgentIn hat die Rolle, den Wandel zu begleiten und voranzubringen. Er/sie wird auch als „Erneuerer" bezeichnet, unterstützt in Entscheidungs-, Klärungs- und Konfliktsituationen und begleitet die Transformation auf persönlicher, organisatorischer, evtl.

auch technischer und sozialer Ebene. Die Aufgaben sind also vielfältig und erfordern daher ein hohes Maß an persönlicher und sozialer sowie methodischer Kompetenz. In größeren Unternehmen gibt es meistens mehrere Change-Agents.

Organe in Transformationsprozessen

Für die Organbildung gibt es verschiedene Prinzipien: Sie ergänzen die Linienstruktur, entstehen meist erst informell und werden später formalisiert. Sie werden dann gebildet, wenn sie tatsächlich gebraucht werden. Sie geben der Organisation Stabilität. In den Steuergruppen darf es gerne kritische Mitglieder geben – es sollte also die Machtstruktur infrage gestellt werden.

Die Aufzählung stellt verschiedene Organe dar und ist weder ein „Muss" noch vollständig. Hier gehen die Unternehmen sehr unterschiedlich vor. Bilden Sie eher kleinere Steuergruppen, die schnell und flexibel agieren, statt große schwerfällige Beiräte. Die Menschen in den Steuergruppen sollen die Interessen des Prozesses vertreten, nicht die ihres Bereiches oder ihrer Führungskraft.

Die Impulsgruppe: Sie hat die Aufgabe den Veränderungsprozess in Gang zu bringen, ein positives Klima zu schaffen und die informelle gegenseitige Unterstützung der veränderungsbereiten MitarbeiterInnen zu fördern.

Der Kreis der Trägerpersonen und Multiplikatoren: Zu ihren Kernaufgaben gehört es, den Transformationswillen bei den aktionsbereiten Menschen zu verankern, das Veränderungsvorhaben zu sichern und dafür zu sorgen, dass sich der Kreis der Personen ausweitet. Außerdem sind sie Vorbild für den Wandel und ermutigen andere durch ihr Verhalten. So entsteht Followership (siehe S. 123 f.)

Der/Die SponsorIn stellt wichtige Kontakte zu anderen einflussreichen Personen her und verleiht dem Transformationsvorhaben einen moralischen Nachdruck. Er/sie steht vor allem in kritischen und schwierigen Zeiten hinter dem Veränderungsprojekt, fordert dazu auf, Spannungen und Konflikte zu bearbeiten. Außerdem hat er/sie die Rolle, „Signale" durch gezieltes Symbolhandeln zu setzen.

Der/Die AuftraggeberIn für das Transformationsprojekt formuliert und definiert die Problemstellung, das Zielbild und die Termine. Er/sie stellt einen Rahmen für Ressourcen zur Verfügung – also Zeit, Geld und Personen – und nimmt Anpassungen vor, erhält regemäßige Rückmeldungen in Form von Berichten oder ist in den Reviews dabei und entscheidet, wie mit weiteren „neuen Anforderungen“ umgegangen wird. Außerdem regt er/sie zur Bildung von Entscheidungsinstanzen an. Diese stimmen sich mit anderen Projekten oder Linienfunktionen ab, entscheiden über Ideen und Vorschläge und über grundsätzliche strategische Fragen sowie die Zielsetzung.

Die Resonanzgruppe (das Sounding Board, Beirat): Diese Gruppe besteht aus freiwilligen, ausgewählten Zielpersonen der Veränderung, die sich aus verschiedenen Hierarchieebenen zusammensetzen. Sie beraten die Entscheidungsinstanz (z.B. den Steuerungskreis) und geben Feedback bei inhaltlichen Fragen. Das Gremium hat eine „übergeordnete“ Perspektive, ohne direkte Weisungsbefugnis.

Der Steuerungskreis, Lenkungsausschuss plant und steuert den Prozess. Er richtet die Projektleitung sowie die Projektgruppen ein, koordiniert und überwacht die einzelnen Projekte (inhaltliche Ergebnisse, Kosten, Ziele und Termine). Die Gruppe ist die Schnittstelle zum formalen Management und hat häufig auch die Aufgabe, „Kampagnen“ in die Organisation zu kommunizieren. Ihr obliegt auch eine gewisse Schutzfunktion, wenn innere und äußere Faktoren/Einflüsse die Projekte oder die ganze Transformation gefährden.

Die Projektleitung schafft die Verbindung zur/m AuftraggeberIn, zur Entscheidungsinstanz und zum Lenkungsausschuss, informiert mit Berichten den/die AuftraggeberIn bzw. die Entscheidungsinstanzen, kontrolliert die Zielerreichung, die Ergebnisse, den Ressourceneinsatz und evaluiert. Sie präzisiert den Auftrag, die Planung und die Aufgabenverteilung sowie die Methoden. Sie sucht und wählt die richtigen Projektteammitglieder aus und unterstützt diese. Außerdem sorgt sie für eine gute Interaktion und Entscheidungsfindung im Projektteam.

Das Transition-Team: Dieses Team wird in Organisationen gebildet, die agil arbeiten und iterativ vorgehen. Es ist interdisziplinär und hierarchieübergreifend zusammengesetzt. Diese MitarbeiterInnen sind im optimalen Fall als Change-Agents ausgebildet. Außerdem können Stakeholder mit dazu geholt werden. Die Zusammensetzung ist je nach Unternehmen sehr individuell. Das Team arbeitet mit agilen Methoden (z. B. Scrum, Kanban, Design Thinking, Collaboration-Tools usw.), die künftig auch im Unternehmen etabliert werden sollen, und hat somit Vorbildunktion. Es gestaltet und begleitet die Transformation.

(in Anlehnung u.a. an Trigon)

6.2 Führung und Macht

> Macht ist weder gut noch böse.
> Macht ist Mittel zum Zweck.
> Eine soziale Interaktion, um Interessen durchzusetzen.
> Ob sie sich positiv oder negativ auswirkt,
> hängt davon ab, wie man mit ihr umgeht.
>
> Führungskräfte, die gestalten wollen, benötigen Macht.
> Die Macht, die es ermöglicht, etwas Sinnvolles zu schaffen.
> Macht bedeutet hierbei die Fähigkeit,
> einen gemeinsamen Willen zu formen und
> eine große Idee zu einer gemeinsamen Sache zu machen.

Quelle: Wolfgang Zimmermann (2016): Umbruch in der Chefetage – Vom Heldentum zur agilen Führung. Freiburg, Haufe.

Vier Philosophien

Friedrich Glasl unterscheidet vier Philosophien: den Wildwuchs, den Macht-, den Experten- und den Entwicklungsansatz für die Veränderung von Organisationen. Alle vier vereinen Chancen und Risiken.

Fehlt das Konzept und herrscht purer Aktionismus und impulsives Arbeiten, entstehen Widersprüche, Unübersichtlichkeit, Kampf und Chaos. Dann sprechen wir von **Wildwuchs**. Die Chance besteht darin, dass kleine Veränderungen und Verbesserungen trotzdem kontinuierlich passieren.

Starker Widerstand und Machtstrukturen können beim **Machtansatz** entstehen – die MitarbeiterInnen fühlen sich demotiviert. Partizipation und Beteiligung fehlen. Regt sich Widerstand, wird dieser mit Sanktionen bestraft. Mit diesem Ansatz kann die Transformation schnell realisiert werden, doch auch die Risiken liegen auf der Hand (innere Kündigung, Konflikte, Schattenorganisation etc.).

Der **Expertenansatz** ist ein rationaler Ansatz, die Experten sind voll verantwortlich. Sie diagnostizieren und bewerten: Analyse, Lösung, Lösungsansatz, Information. Auch hier mangelt es an Partizipation, was Widerstände auslösen kann. Die Kompetenzen und Erfahrungen der MitarbeiterInnen werden nicht oder zu wenig genutzt. Die Lösungsansätze und Entwürfe stehen nicht allen zur Verfügung. Auch hier wird im Transformationsprozess ein hohes Tempo erreicht. Der Fokus liegt auf dem Fachwissen und einer hohen Anwendungsorientierung.

Wird der **Entwicklungsansatz** gewählt, dann handelt es sich um eine sogenannte partizipative Transformation. Es geht um eine Werte-, Struktur- und Kulturtransformation – ein grundlegender Wandel ist das Ziel.

Arbeiten Sie mehr an Ihrem Unternehmen und weniger in Ihrem Unternehmen!

Angestrebt wird ein Problemkonsens (vgl. auch Ebenen von Commitment, S. 147 f.). Die gesamten Kompetenzen aller Mitglieder einer Organisation werden integriert, was dazu führt, dass die MitarbeiterInnen sich mit den Lösungen identifizieren. Das erhöht die Motivation und fördert die Kreativität. Mit diesem Ansatz steht die Innovationsfähigkeit der Organisation im Fokus.

Macht- und Einflusspotenziale

Das eine oder andere Potenzial werden Sie sicher kennen. Gerade in Transformationsprozessen sollten Sie diese nicht aus dem Blick verlieren, denn auch wenn wir nach dem Entwicklungsansatz der Veränderung vorgehen, kommen wir an den Themen Macht und Einfluss nicht vorbei. Werfen wir hierzu einen **Blick in die „alte" Welt**, die dürfte den meisten bekannt sein.

- **Die formale Macht:** Damit ist die Legitimation durch hierarchische Strukturen gemeint. Dem Positionsinhaber wird das Recht verliehen, Einfluss in Form von Weisungen auszuüben. Die MitarbeiterInnen „gehorchen" der Stelle, weniger der Person.

- **„Ich will mehr" oder: die Macht durch Belohnung.** Anreizsysteme sind das Schlüsselwort und sie basieren auf der Annahme, dass die Führungskraft die Möglichkeit hat, positive Anreize zu schaffen und zu belohnen. Das wirkt allerdings nur dann verhaltensbeeinflussend, wenn die Belohnung von den MitarbeiterInnen auch als solche wahrgenommen wird und sie diese auch tatsächlich erhalten. Die Wirkung lässt nach, sobald diese Form der Anerkennung wegfällt. Außerdem gewöhnen sich MitarbeiterInnen sehr schnell daran und es entstehen Verwöhnungseffekte, die irgendwann nicht mehr motivieren, sondern nur noch den Wunsch nach „mehr" entstehen lassen.

- **Die Bestrafung als Machtinstrument:** Unerwünschtes und nichtkonformes Verhalten wird mit konkreten Sanktionen bestraft. Gängige Beispiele sind: Ausschluss, Karrierestopp bis hin zum Gehaltsabzug. Diese Maßnahmen sollen abschrecken und so verhaltensregulierend wirken. Wird eine Androhung nicht umgesetzt, dann verliert die Führungskraft an Glaubwürdigkeit. Das kann sich auch auf das Verhalten der anderen Teammitglieder und die gesamte Teamdynamik auswirken.

In der „neuen" Welt sprechen wir stattdessen von Experten-, Informations- und Referentenmacht. Was ist damit gemeint?

- **Die Wissensmacht:** Dieses Einflusspotenzial begründet sich darauf, dass einer Person in bestimmten Bereichen ein Wissensvorsprung und bestimmte Fähigkeiten zugesprochen werden. Wir sprechen dann von Expertenmacht. Dabei ist nicht das objektive Wissen ausschlaggebend, sondern die Einschätzung des Umfelds (z.B. der MitarbeiterInnen).

- **Durch Informationsvorsprung Macht gewinnen:** Im Hintergrund gibt es informelle Beziehungen, in denen wichtige und exklusive Informationen verfügbar sind. Alleine der Besitz und die Beschaffungsmöglichkeiten sorgen dafür, dass die Führungskraft in den Augen anderer an Gewicht gewinnt, da sie als bedeutsam im internen Machtgefüge wahrgenommen wird. Wir sprechen dann von Informationsmacht.

- **Mit Persönlichkeit wirken:** Persönliche Ausstrahlung ist der Schlüssel zur Macht. Einfluss wird eingeräumt, weil man die Person als überzeugend erlebt oder ihre persönliche Ausstrahlung bewundert. Das hängt natürlich in starkem Maße von der Beziehung zwischen Führungsperson und MitarbeiterIn ab. Sie ist eine Frage des persönlichen Empfindens, der Sympathie oder des Respekts – auch genannt Referentenmacht.

(In Anlehnung an: H. Steinmann/G. Schreyögg (2005): Management – Grundlagen der Unternehmensführung. Wiesbaden, Gabler.)

Macht hat einen starken Einfluss auf das System. Wenn beispielsweise im Unternehmen implizit der Satz „Wissen ist Macht" bei den Führungskräften und MitarbeiterInnen abgespeichert ist, hat ein transparentes Dokumentenmanagement-System oder eine Kollaborationssoftware kaum Chancen auf Erfolg. Hier braucht es neues Denken. Erst wenn „Wissen teilen, denn das macht erfolgreich" in den Köpfen verankert ist, wird es in den vorhandenen Systemen gelebt. Und dann sind wir einmal mehr bei der gelebten und beobachtbaren Kultur.

7 Wandel ist überall – und das ist gut so!

7.1 Agil und erfolgreich führen in Transformationsprozessen

Change-Leadership ist das Stichwort. Was kann und muss eine Führungskraft tun, damit sie die Unterstützung aller Beteiligten erhält – egal ob ein Team, eine Abteilung oder ein ganzes Unternehmen verändert werden soll? Wie soll die Veränderung organisiert werden – klassisch oder agil? Was ist die bestmögliche inhaltliche Lösung?

Abbildung 51: Führungsprinzipien und Werte

Der zentrale Punkt sind die eigenen Werte- und Führungsprinzipien. Um sich darüber klar zu werden, helfen Ihnen die nachfolgenden Reflexionsfragen. Mit innerer Klarheit werden Sie mit Ihren MitarbeiterInnen einen guten Weg für die Transformation finden. In der Umsetzung achten Sie besonders auf die Bereiche Kommunikation, Beteiligung, Strukturen und Prozesse sowie die Befähigung aller (inkl. Ihnen), denn nur so erzielen Sie eine hohe Hebelkraft. Suchen Sie sich einen ruhigen Platz, nehmen Sie sich Zeit und reflektieren Sie.

Arbeitsblätter „Eigene Werte- und Führungsprinzipien“ sowie „Unendliche Ressourcen“ von M. Varga von Kibed im Download

> „Wertschätzung ist eine unendliche Quelle. Gebt mehr Wertschätzung, dann bekommt Ihr mehr.“
> – unbekannt –

Viele weitere Informationen, Anregungen und Arbeitshilfen zum Thema finden Sie in unserem Buch „Agil und erfolgreich führen", managerseminare, Bonn 2017.

7.2 Den eigenen Weg finden

Send me an Angel

Unternehmen wünschen sich Best-Practice-Modelle, Anleitungen, einen Chief Digital Officer oder am besten einen Engel oder Heilsbringer, der die Führungskräfte und MitarbeiterInnen durch einen Flügelschlag für den Mega-Trend aus Digitalisierung und Transformation befähigt.

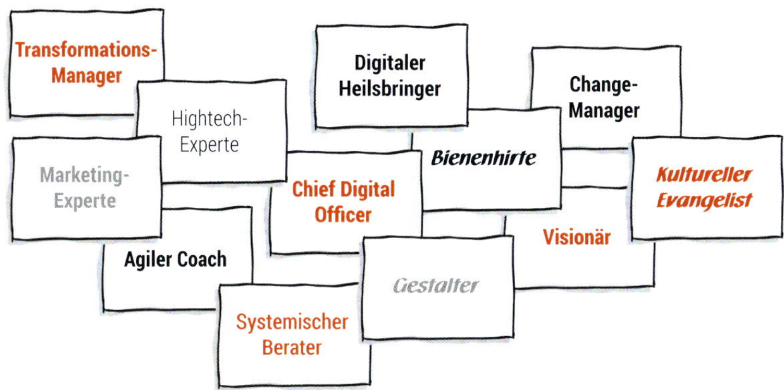

Abbildung 52: Die Rollenbeschreibung für die Führungskraft der Zukunft?

Eine der häufigsten Fragen, die uns von UnternehmerInnen und Führungskräften immer wieder gestellt wird, ist: „Wie machen es denn die anderen?" An dieser Stelle müssen wir Sie leider enttäuschen. Wir haben weder eine Blaupause noch ein Lehrbuch mit Schema-F-Lösungen gefunden – und es könnte auch die aktuellen Herausforderungen keinesfalls abbilden. Holen Sie sich Inspirationen, tauschen Sie sich in Unternehmernetzwerken aus, gehen Sie auf Lernreisen in andere Organisationen und seien Sie mutig, etwas auszuprobieren.

Den einen richtigen Weg gibt es nicht, weder bei der agilen noch bei der digitalen Transformation. Vielmehr muss jede Organisation, jedes Unternehmen für sich den Weg finden, der am besten zur Kultur, den Menschen, den Strukturen und den Kunden passt. Wie sind die Gegebenheiten und Rahmenbedingungen in Ihrer Organisation?

Empfehlen können wir Ihnen dabei allerdings das iterative Vorgehen. So überprüfen Sie regelmäßig den eingeschlagenen Weg, können anpassen und auch eine Richtungsänderung vornehmen. Wenn es für Sie richtiger erscheint, klassisch mit einer Projektorganisation vorzugehen, dann tun Sie das. Wichtig ist uns, dass unsere Botschaft angekommen ist, die „Gehirne" aller MitarbeiterInnen anzuzapfen und gemeinsam die Transformationsreise zu gestalten.

„Um heute erfolgreich zu sein, muss man anpassungsfähig sein und ständig neu denken, neu beleben, reagieren und neu erfinden wollen."
– Bill Gates –

Versuch und Irrtum gehören dazu. Es werden Fehler passieren, aus denen Sie lernen können, den Transformationsprozess noch besser oder anders zu gestalten. Akzeptieren Sie auch ein schnelles Scheitern (Fail Fast). Denn wenn Ihr Vorhaben nicht gut läuft, ist es am besten, dies so früh wie möglich zu konstatieren, statt lange zu warten und viel Zeit und Geld zu verschwenden. Legen Sie deshalb los und sammeln Sie eigene Erfahrungen. Vertrauen Sie auch auf Ihren Bauch und folgen Sie Ihrer Intuition.

Richten Sie den Fokus auf den Kunden und die Märkte, erzeugen Sie gleichzeitig bei den MitarbeiterInnen eine Sogwirkung. Paradox, oder doch nicht? Wenn die Kunden begeistert sind, strahlt das auf das Unternehmen aus. Wer möchte nicht ein Teil davon sein? Selbst aus Reklamationen – die an sich kein Unternehmen will – kann Kundenbegeisterung entstehen. Wenn die MitarbeiterInnen stolz sind, hierzu einen Beitrag zu leisten, sind motivierte MitarbeiterInnen das Ergebnis. Sie haben ein gutes Gefühl der Selbstwirksamkeit und identifizieren sich mit dem Unternehmen. So entsteht Arbeitgeberattraktivität als „Nebenprodukt". Unternehmen, die keine Kunden gewinnen oder, noch schlimmer, denen die Kunden weglaufen, helfen die schönsten Lounge-Möbel und die tollste Kaffeemaschine nicht, um engagiertes Personal zu bekommen.

Der Markt wartet immer auf besondere Unternehmen, die sich durch innovative Produkte, besonderen Service oder durch exzellente Experten auszeichnen.

Die Transformation verändert nicht nur das Unternehmen, sondern auch die Menschen. Die Denk- und Verhaltensweisen verändern sich und das Bewusstsein entwickelt sich weiter. So individuell, wie jeder Einzelne ist, so unterschiedlich zeigen sich die Veränderungen. Das hat natürlich Auswirkungen auf das Umfeld. Und zwar innerhalb und außerhalb der Organisation.

Stellen Sie sich vor, Sie waren auf einem Retreat, haben den Kilimandscharo bestiegen oder sind den Jakobsweg gelaufen. Sie kommen mit neuen Erkenntnissen und intensiven Erfahrungen zurück. Vielleicht haben Sie einen inneren Schatz entdeckt. Jetzt heißt es, dies in Ihr Leben zu integrieren. Denn es kann immer wieder passieren, dass Sie in die gewohnten Muster verfallen. Oder Ihr Umfeld ist erstaunt bzw. irritiert, über Ihre neue Art zu denken und zu handeln. Es werden Fragen kommen, weshalb Sie auf einmal anders reagieren. Es wird Menschen geben, die mit Ihrer veränderten Haltung nicht so gut zurechtkommen und sich zurückziehen. Andere wird genau das ansprechen. Denken Sie an die Raupe und den Schmetterling und gehen Sie Ihren eigenen Weg der Transformation weiter.

Im Download finden Sie Beispiele, wie Unternehmen Transformationsprozesse angehen.

Ähnlich ist es auch in Unternehmen. Schon während der Transformation ist es immer wieder die Aufgabe, das Neue in den Alltag zu integrieren und gleichzeitig offen für die nächste Veränderung zu sein. So gesehen, geht die Transformationsreise weiter oder vielleicht beginnt bald eine neue Reise. Dabei wünschen wir Ihnen viele neue Erkenntnisse und ein gutes Händchen für sich selbst und Ihre MitarbeiterInnen.

Wandel ist überall – und das ist gut so!

Veränderungen haben positive und negative Seiten. Ein Wandel oder eine Veränderung sind also für sich gesehen nicht gut oder schlecht.

Was daraus wird, ist das, was wir daraus machen!

Etwas anders zu machen, ist gar nicht so schwer. Es geht um eine innere Haltung. Um Mut und den Willen zur Veränderung. Um Offenheit für den Weg zum Ziel und ein Umfeld, das Sie dabei grundsätzlich unterstützt.

Weiteres zum BarCamp und anderen Veranstaltungsformaten siehe Arbeitsblatt im Download

Die Transformation stabilisieren

Wenn Sie die ersten Schritte/Iterationen gemacht haben, sollten Sie mit Ihrem Transformationsteam in die Reflexion gehen. Laden Sie auch hierzu so viele Menschen wie möglich ein. Organisieren Sie ein BarCamp und beschäftigen Sie sich intensiv mit diesen Fragen.

Stabilisationsfragen

- Aus welchem Grund lösen Veränderungen so häufig Ängste und damit Abwehr oder Blockaden aus?
- Was können wir tun, um die Transformation zu stabilisieren (und nicht in alte Verhaltensmuster zurückzufallen)?
- Was können wir tun, damit wir uns an das neue Prozedere, den Ablauf, das Verfahren, die Leitlinien halten bzw. die Verhaltensänderung leben?
- Wie können wir einen Spaß-, Freude-, Mutfaktor für unseren weiteren Transformationsprozess kreieren, der die Umsetzung erleichtert und vielleicht sogar beschleunigt?

Wiederholen Sie regelmäßig mit unterschiedlichen Menschen die Stabilisierungsfragen und sorgen so für einen beständigen Wandel.

> „Wähle ich die alte Welt, werde ich durch die neue überholt. Wähle ich die neue Welt, verliere ich möglicherweise heute Kunden und Ertrag. Das Schlüsselwort heißt Ambidextrie (Beidhändigkeit), die Fähigkeit, sich gleichzeitig anzupassen und innovativ zu sein." – unbekannt–

Gehen Sie jetzt los ...

Zeigen Sie Mut zur Verantwortung, die Zukunft aktiv zu gestalten. Beginnen Sie mit einem energiespendenden Zukunftsbild, das so attraktiv ist, dass es Sogwirkung erzeugt.

Abbildung 53:
Ready for future?

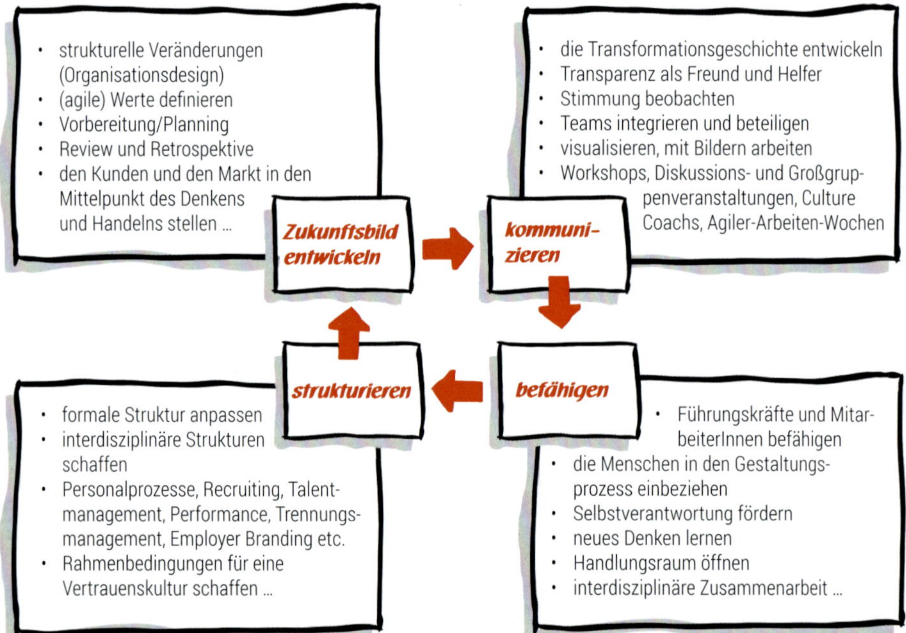

Die Welt wird besser – machen Sie mit!

„Es wird alles immer schlimmer: Diese Aussage über die Welt höre ich öfter als jede andere. Es ist ein Megatrugschluss. Ja, es stimmt, dass es viele schlimme Dinge gibt auf der Welt. Die Zahl der Kriegstoten ist seit dem Zweiten Weltkrieg rückläufig, doch im Zuge des syrischen Bürgerkriegs hat sich der Trend wieder umgekehrt. Auch der Terrorismus nimmt zu. Die Überfischung und die Verschmutzung der Meere sind ernste Probleme. ... Das Polareis schmilzt. ... Es besteht kein Zweifel, dass dies mit den Treibhausgasen zusammenhängt, die von den Menschen in die Atmosphäre abgegeben wurden und die sich für lange Zeit dort halten werden, auch wenn wir ihre Konzentration nicht weiter erhöhen. ... Es ist leicht, all die schlimmen Dinge auf der Welt zur Kenntnis zu nehmen. Schwieriger ist es, das Gute zu sehen: Über unzählige Verbesserungen wird nicht berichtet ...

„Vor 20 Jahren lebten noch 29 Prozent der Weltbevölkerung in extremer Armut. Heute beträgt dieser Anteil neun Prozent." – Hans Rosling –

Denken Sie daran, dass negative Geschichten wesentlich dramatischer klingen als neutrale oder positive. Erinnern Sie sich, wie einfach es ist, einen kurzfristigen Rückschlag aus dem Kontext einer langfristigen Verbesserung herauszulösen und eine Krisenerzählung zu konstruieren. Denken Sie daran, dass wir in einer vernetzten und transparenten Welt leben, in der über Not und Leid umfassender berichtet wird als jemals zuvor ... bedenken Sie stets, dass die positiven Veränderungen wahrscheinlich häufiger vorkommen, aber nicht bis zu Ihnen durchdringen. Sie müssen sie selbst aufspüren. Diese Gedanken sollen Sie mit einem Grundschutz ausstatten, der es Ihnen und Ihren Kindern ermöglicht, die Nachrichten anzuschauen, ohne sich ständig in eine Weltuntergangsstimmung hineintreiben zu lassen ... Die Informationen über die schreckliche Vergangenheit erzeugen Angst, aber das ist eine wichtige Ressource. Sie kann uns dabei helfen, wertzuschätzen, was wir heute haben, und uns die Hoffnung verleihen, dass künftige Generationen, ebenso wie die vorhergehenden, die Rückschläge überwinden und auf dem langfristigen Weg zu Frieden und Wohlstand und zur Lösung unserer globalen Probleme weiter voranschreiten werden ..."

Weiterlesen? Siehe Link-Liste im Download

Letzter Literaturtipp für heute: Hans Rosling mit Anna Rosling Rönn und Ola Rosling (2018): Factfulness. Wie wir lernen, die Welt so zu sehen, wie sie wirklich ist. Berlin, Ullstein.

Mit diesen Zeilen von Hans Rosling verabschieden wir uns, laden Sie gleichzeitig ein und ermutigen Sie, aktiv die Transformation anzugehen. Wenn wir positive Beispiele wie hier im Buch nennen, werden wir immer wieder gefragt: „Und was ist mit denen, die es nicht geschafft haben?" Viel zu oft neigen wir zu Schwarzmalerei und finden Gründe, warum etwas nicht geht, statt nach erfolgreichen Beispielen zu suchen, die uns Mut und Energie geben.

Herzlichst Ihre
Katrin Greßer und Renate Freisler

Service

Transformations-Box

Anmerkung: Alle genannten Methoden können in einem bestimmten Kontext hilfreich sein. Wir haben mit einem fetten „**x**" markiert, wie wir die Methode (gemäß der sieben Basisprozesse) überwiegend einsetzen. Das heißt nicht, dass das immer auch für Sie bzw. für Ihren Kontext so passen muss.

		Die sieben Basisprozesse						
		Diagnose	Zukunft gestalten	Psycho-sozial	Kommunikation	Lernen	Umsetzen	Change-Management
1. Alle sprechen von Transformation	**Seite**							
Strukturierter Denkprozess: Die sechs Denkhüte	24		**x**			x	x	
Potenzialanalyse „Offensive Mittelstand"	28	**x**	x					x
Circle of Influence	33 u. Download			x		**x**	x	
Selbsteinschätzung: „Sind Sie bereit für die Transformation?"	36 u. Download	**x**						
Fünf Domänen der digitalen Transformation	37 u. Download	**x**					x	x
Reflexionsfragen: Vier Jahreszeiten	40ff. u. Download		x	x		**x**		
2. Die Organisation verstehen	**Seite**							
Organisation als Tier	71	**x**		x		x		
Selbsteinschätzung 7 Wesenselemente: „Wo steht das Unternehmen?"	72 u. Download	**x**	x					x
Retrospektive	Download			**x**		x		
Haufe-Quadrant Schattenorganisation	75	**x**		x				x
Acht Kulturstile: „Check-up Unternehmenskultur"	81 u. Download	x	**x**	x				
Reflexionsfragen: Unternehmenskultur	86 u. Download	x	x	x		**x**		
3. Die Transformationsreise	**Seite**							
Zukunftsbild 3-W-Fragen: Warum? Wie? Was?	91 u. Download		**x**		x			x
Mini-Intervention Veränderungskurve	98	x		**x**		x		
Gefühle und Bedürfnisse auf eine konkrete Handlungsebene bringen	101		x	x			**x**	
Stimmungsbarometer: Emotionen visualisieren	Download			**x**		x		
Speed-Datings	Download			**x**		x		
Konsultativer Einzelentscheid	Download		x	x		x	**x**	
Neues Denken lernen: zwölf Möglichkeiten	107			x	x	**x**		
Fragen-Kreuz	108 u. Download		x	x		**x**		
Vorannahmen zur persönlichen Entwicklung als Führungskraft	109			x		**x**	x	
Mini-Check-up: Wie veränderungsbereit bin ich?	Download			x		**x**	x	
Einschätzung Veränderungsbereitschaft Umfeld	111 u. Download		**x**	x		x		
Widerstandsenergie konstruktiv nutzen	116 u. Download			x		x	**x**	
Vier Felder der Achtsamkeit	118 u. Download			x		**x**	x	

		Die sieben Basisprozesse						
		Diagnose	Zukunft gestalten	Psycho-sozial	Kommunikation	Lernen	Umsetzen	Change-Management
4. Königsdisziplin Leadership	**Seite**							
Transformationale Führung – Führungsstil-Mix	124 u. Download		x	x	x	**x**		
180-Grad-Workshop Führungsfeedback	130	x		**x**	x	x		
5. Instrumente der Transformation	**Seite**							
Diskrepanzanalyse	139	**x**	x	x				
Kulturanalyse	142	**x**						x
Kraftfelder bewusst machen	143	x	x	**x**		x	x	x
Stakeholder-Analyse	145	**x**		x	**x**		x	x
Ebenen von Commitment	147		x	x	**x**		x	
Transformationsformel	148	x			x		**x**	x
Systemisches Fragen	Download	x	x	x	x	**x**	x	x
Quick Win: Pay-off oder Erfolgsmatrix	149		x		x		**x**	x
Systematisch kommunizieren	150		x		**x**		x	x
Vom Problem zum Ziel	Download	x				**x**		x
5 mal „Warum?“ fragen	Download	**x**				x		x
Kill a stupid rule	Download		x			x	**x**	
Vorstands-Blog, Visual Board, Business-TV usw.	150				**x**		x	
Change-Story	152			x	**x**			x
Meet-up	153			**x**	x	x	x	
WorldCafé	Download			x	x	**x**	x	
Open-Space-Konferenz	Download			x	x	**x**	x	
BarCamp	Download			x	x	**x**	x	
OKR – Objectives and Key Results	154		x				**x**	
7. Wandel ist überall – und das ist gut so!	**Seite**							
Reflexionsfragen: Agil und erfolgreich führen	Download	x	**x**			x	x	x
Ready for future	Download		x	x		x	**x**	x
Die Transformation stabilisieren	167		x		x		**x**	

Über dieses Buch hinausgehende Impulse	Diagnose	Zukunft gestalten	Psycho-sozial	Kommunikation	Lernen	Umsetzen	Change-Management
Entwicklungsprogramme			x		**x**		
Seminare/Training			x		**x**	x	
Coaching			x		**x**	x	x
Supervision			x		**x**	x	x
Mentoring			x		**x**		x
Mediation			**x**		x		
SWOT-Analyse	**x**	x					x
Zukunftskonferenz		**x**	x	x	x		
Storytelling				**x**	x	x	
Pressekonferenz				**x**		x	
Moderationstechniken	x	x	**x**	x	x	x	x

Literaturverzeichnis

Bücher

- Bauer, J. (2011): Warum ich fühle, was du fühlst. Heyne, München.
- Bögle, R./Heiten, G. (2014): Räder des Lebens. Drachen Verlag, Klein Jasedow.
- Bodell, L./Wegberg, T. A. (2013): Kill the Company: 12 Killer-Tools für die Wiedergeburt Ihres Unternehmens. Campus Verlag GmbH, Frankfurt/M.
- Brommer D./Hockling, S./Leopold, A. (2019): Faszination New Work: 50 Impulse für die neue Arbeitswelt. Springer Gabler, Wiesbaden.
- Buhr, A./Feltes, F. (2018): Revolution? Ja, bitte! Gabal, Offenbach.
- Creutzfeldt, P. (2018): (Selbst-)Führen in der Arbeitswelt 4.0. Frankfurter Allgemeine Buch, Frankfurt/M.
- Darrell K./Willms, J. (2014): Immun gegen Veränderungen? Training aktuell, Heft 6/2014. managerSeminare, Bonn.
- Derby, E./Larsen, D. (2013): Agile Retrospectives: Making Good Teams Great. O'Reilly UK Ltd., London.
- Doerr, J. (2018): OKR: Wie Sie Ziele, auf die es wirklich ankommt, entwickeln, messen und umsetzen. Vahlen, München.
- Eneroth, T./van Meer, P./Jiang, N./Clothier, P./Infer, H. (2017): Get connected. Barrett Values Centre, Waynesville.
- Hüther, G. (2009): Biologie der Angst. Vandenhoeck & Ruprecht, Göttingen.
- Frankl, V. E. (2008): ...trotzdem Ja zum Leben sagen. dtv, München.
- Fredrickson, B. L. (2011): Die Macht der guten Gefühle. Campus, Frankfurt/M.
- Freisler R./Greßer, K. (2018): Leadership-Kompetenz Selbstregulation. managerSeminare, Bonn.
- Freisler R./Greßer, K. (2018): Sich selbst coachen mit GROW. lead&train Microtraining-Baustein für Führungskräfte. managerSeminare, Bonn.
- Freisler R./Greßer, K. (2019): Die individuelle Persönlichkeit analysieren mit Big Five. lead&train Microtraining-Baustein für Führungskräfte. managerSeminare, Bonn.
- Fuchs, J./Fuchs, H. (2008): Schluss mit Hierarchie. Co.in.Medien, Wiesbaden.
- Gergs, H.-J. (2016): Die Kunst der kontinuierlichen Selbsterneuerung. Beltz, Weinheim.
- Götz, W. (2015): Womit ich nie gerechnet habe. Die Autobiographie. List Taschenbuch.
- Glasl, F./Lievegoed B. (2016). Dynamische Unternehmensentwicklung. Haupt, Bern.
- Greßer, K./Freisler R. (2016): Stressmanagement-Trainings erfolgreich leiten. managerSeminare, Bonn.
- Greßer, K./Freisler, R. (2017): Agil und erfolgreich führen. managerSeminare, Bonn.
- Greßer, K./Freisler R. (2018): Teams organisieren mit GRIP. lead&train Microtraining-Baustein für Führungskräfte. managerSeminare, Bonn.
- Groß, M. (2019): Digital Leader Gamebook. Haufe, Freiburg.
- Grubendorfer, C. (2016): Einführung in systemische Konzepte der Unternehmenskultur. Carl-Auer, Heidelberg.
- HayGroup (2011): Leadership 2030-Studie Führungskräfte für eine neue Welt.
- Hoffmann, G. P. (2017): Organisationale Resilienz. Springer, Berlin.

- Hohmann, L. (2007): Innovation Games: Creating Breakthrough Products Through Collaborative Play. Addison-Wesley Professional, Boston.
- Kegan, R./Laskow Lahey, L. (2009): Immunity to Change. Harvard Business Review Press, Cambridge.
- Kohtes, P. J. (2014): Mit Achtsamkeit in Führung. Klett-Cotta, Stuttgart.
- Kotter, J. P. (2014): Accelerate: Strategischen Herausforderungen schnell, agil und kreativ begegnen. Vahlen, München.
- Kotter, J./Rathgeber, H. (2006): Das Pinguin Prinzip. Droemer, München.
- Laloux, F. (2016): Reinventing Organisations. Vahlen, München.
- Leão, A./Hofmann, M. (2007): Fit for Change. managerSeminare, Bonn.
- Leão, A./Hofmann, M. (2009): Fit for Change II. managerSeminare, Bonn.
- Lobacher, P./Jacob, C./Haag, J./Schubert, M. (2017): Agiles Zielmanagement und modernes Leadership mit Objectives & Key Results (OKR). Create Space.com, South Carolina.
- Lundershausen, S. (2015): Die Moderation strategischer Initiativen. managerSeminare, Bonn.
- Malik, F. (2015): Navigieren in Zeiten des Umbruchs. Campus, Frankfurt/M.
- Mohr, N./Woehe, J. M./Diebold (1998). Widerstand erfolgreich managen. Professionelle Kommunikation in Veränderungsprojekten. Campus, Frankfurt/M.
- Morgan G. (2002): Bilder der Organisation. Klett-Cotta, Stuttgart.
- Nohl, M./Egger, A. (2016): Micro-Inputs Veränderungscoaching. managerSeminare, Bonn.
- Patrzek, A. (2013): Fragekompetenz für Führungskräfte. Rosenberger Fachverlag, Leonberg.
- Petry, T. (2016): Digital Leadership. Haufe, Freiburg.
- Pfläging, N. (2019): Organisation für Komplexität. Redline Verlag, München.
- Pfläging, N./Hermann, S. (2015): Komplexithoden. Clevere Wege zur (Wieder-)Belebung von Unternehmen und Arbeit in Komplexität. Redline, München.
- Purps-Pardigol, S. (2015): Führen mit Hirn. Campus, Frankfurt/M.
- Purps-Pardigol, S./Kehren, H. (2018): Digitalisieren mit Hirn. Campus, Frankfurt/M.
- Rauen, C. (2007): Coaching Tools II. managerSeminare, Bonn.
- Roehl, H./Winkler, B./Eppler, M. J./Fröhlich, C. (2012): Werkzeuge des Wandels. Schäffer Poeschel, Stuttgart.
- Rogers, D. L. (2017): Digitale Transformation – Das Playbook. mitp, Frechen.
- Simon, F. B. (2019): Einführung in die (System-)Theorie der Beratung. Carl-Auer, Heidelberg.
- Sinek, S. (2016). Frag immer erst warum. Redline, München.
- Senge, P./Roberts, C./Ross, R./Smith, B./Kleiner, A. (1994): The Fifth Discipline Fieldbook: Strategies and Tools for Building a Learning Organization. Crown Business, New York.
- Sprenger, R. K. (2018): Radikal digital. Random House, München.
- Thorsten, P. (2016): Digital Leadership. Erfolgreiches Führen in Zeiten der Digital Economy. Haufe, Freiburg.
- Watzlawick, P. (2009): Anleitung zum Unglücklichsein. Piper, München.
- Weiand, A. (2016): Toolbox Change Management. Schäffer Poeschel, Stuttgart.
- Weick, K. E./Sutcliffe, K. M. (2010): Das Unerwartete managen. Schäffer-Poeschel, Stuttgart.
- Wehrle, M. (2017): Die Coaching-Schatzkiste. managerSeminare, Bonn.

- zur Bonsen, M./Maleh, C. (2001): Appreciative Inquiry (AI): Der Weg zu Spitzenleistungen. Beltz, Weinheim/Basel.
- Zeitschrift Changement!, Handelsblatt Fachmedien, Düsseldorf:
  - Prof. Dr. R. Stegmaier: Nicht gegen das Selbstkonzept. Heft 08/2018, S. 30-33.
  - Bohnert, M./Krause, E./Schmeichel, T.: Change Leadership. Heft 08/2018, S. 36-40.
  - Dr. Marco Olavarria: Objectives and Key Results. Heft 02/2019, S. 36-38.
- Zeitschrift Personalmagazin, Haufe-Verlag, Freiburg:
  - Hackl, B./Gerpott, F./Maless, M./Jeckel, P. Heft 02/2015, S. 30-32.
- Trigon (2018): Handout Systemische Unternehmensberatung und Organisationsentwicklung nach Trigon und Syst®.

Internetquellen

- https://de.wikipedia.org/wiki/Transformation
- https://de.wikipedia.org/wiki/Transformationale_F%C3%BChrung
- https://www.management-circle.de
- https://www2.deloitte.com/de/de/pages/innovation/contents/industrie-40-studie-bereit-fuer-den-wandel.html?id=de:2ps:3gl:eng_ne:readinessreport19&gclid=Cj0KCQiA-vqDiBRDAARIsADWh5TckkaZPRgJaFw8AowCsrbkquayrZXCIVX5X3IujktAF6pp-I_2N0hoaAqc-EALw_wcB
- https://t3n.de/news/legal-tech-digitale-revolution-935938/
- https://www.faz.net/aktuell/wirtschaft/recht-steuern/digitale-rechtsunterstuetzung-deutsche-juristen-reagieren-ablehnend-auf-legal-tech-15033852.html
- https://de.statista.com
- https://www.check-arbeit40.de/check-arbeit40/daten/mittelstand/index.htm
- https://www.zukunftsinstitut.de/
- https://www.xlnc-leadership.com/startseite/
- https://www.welt.de/wirtschaft/article178583158/Deutsche-Apotheker-fuerchten-den-Markteinstieg-von-Amazon.html
- https://www.wiwo.de/erfolg/management/agiles-arbeiten-wer-nicht-aufpasst-dem-fliegt-das-projekt-um-die-ohren/19988386.html
- https://www.iao.fraunhofer.de/lang-de/presse-und-medien/aktuelles/2150-new-work-zukunftsmodelle-der-arbeit.html
- https://www.iao.fraunhofer.de/lang-de/presse-und-medien/aktuelles/2182-erfolgsfaktor-mensch-wie-die-transformation-von-arbeitswelten-gelingt.html
- https://www.wiwo.de/erfolg/beruf/arbeitsalltag-achtsamkeit-kann-sie-zu-einer-besseren-fuehrungskraft-machen/20941436.html
- https://www.open-mind-academy.ch/post/unboss-die-10-prinzipien-bei-novartis
- https://fuehrung-erfahren.de/2019/07/unboss-egomanen-an-der-spitze-sind-gift/
- https://de.wikipedia.org/wiki/Toyoda_Sakichi

Alle auch im Buch erwähnten **Internetquellen** finden Sie auf der **Link-Liste im Download**. Die Links lassen sich durch Anklicken direkt aktivieren.

Stichwortverzeichnis